保持历史耐心和战略定力，高质量高标准推动雄安新区规划建设。

——习近平总书记在 2019 年 1 月 18 日京津冀协同发展座谈会上的讲话

U0315058

雄安设计专业丛书

雄安新区
城市色彩规划设计

河北雄安新区规划研究中心　编著

同济大学 出版社
TONGJI UNIVERSITY PRESS

序一

在全球化推动的功能主义背景下，各地城市同质化建设成为普遍现象。进入 20 世纪 70 年代，为了找回具有地域特征、历史感、充满个性的城市名片，日本将城市色彩融入了城市设计研究，环境色彩规划作为城市设计的要素得到普及。城市景观如果单纯满足其功能特性，就会变得冷峻而没有人情味。城市景观应该将地域的气候、风土、历史等要素融入规划当中，这样才能让在其中生活的人们愿意接受，感到荣耀。

雄安新区中隐藏着可以称之为"秘境"的博大湿地，水面上开满了荷花，这些既是令人心生赞叹的风景，也是前人长久以来赖以生存的自然环境；既是浑然天成的天然景色，也是人工塑造的景观生境，在岁月的流逝中依然魅力不减。作为雄安新区城市色彩逻辑起点的白洋淀，淀水、植物、砖瓦、村庄，这些本土色彩来源于中国传统文化，历经历史长河的洗涤和历练，激发着人们对这座崭新城市的无限色彩灵感。将这些色彩要素用新的解读进行设计，雄安新区一定能成为令中国骄傲的文化景观。

雄安新区秉承了世界眼光、国际标准、中国特色、高点定位。本次的环境色彩规划为打造当代中国文化代表，充分利用色彩学知识，细致地进行地域色彩调查，为展开今后的城市景观建设，深入提取地域色，打造出能够应用到雄安各种场景的色彩体系。这个色彩体系经过科学的研究打造，具有无限的应用可能性。

以此为起点，在雄安色彩的创作过程中，规划师与色彩设计师一道，创造了一个崭新的、富有秩序的色彩世界和一幅幅优雅、耐看的图景。从中，人们不但能够感受到雄安底蕴，更能领略这座城市昂扬向上的精神风貌。全新打造的雄安新区一定会成为当地人们喜爱、引以为荣的城市景观。从全国及世界各地到来的访客会共同享受现代化的城市景观、白洋淀的自然水域以及地域的历史景观。

期待这样美丽的城市早日实现。

Shingo Yoshida

吉田慎悟
日本色彩设计大师

序二

雄安新区将对城市色彩的把握作为城市规划的重要组成部分，充分体现了高起点规划、高标准建设的指导思想，对塑造雄安新区的城市风貌特色将发挥极为重要的支撑作用。

雄安新区管委会通过专项、专题研究和多专业团队综合深化等工作，完成了《雄安新区城市色彩规划指引和重点片区色彩方案设计》。本书将该项工作的完整过程、创新思想、技术方法编辑成册，向读者展示了雄安新区城市色彩的规划愿景和创作思路。

城市色彩是自然和文化共同作用的结果，同时它又是时代特征的反映。一个城市的色彩特征往往是经历了长时间的积累而形成的，对于雄安新区这样一座全新的城市，对城市色彩进行研究既是一项十分重要的工作同时又是一个全新的课题。

雄安新区城市色彩的研究立足于地方元素。研究人员深入实地踏勘，收集新区地方的、传统的、自然的、文化的色彩元素和材料元素，将雄安新区的城市色彩谱系建构于一个地域文化的基石之上。

雄安新区城市色彩的定位立足于中国特色和时代风尚。研究人员以中国传统文化观念为切入点，系统梳理了中国传统城市的色彩体系和文化意象，并将当代城市色彩要素纳入其中，推演雄安新区城市色彩的愿景。

雄安新区城市色彩确定的技术方法立足于国际经验。《雄安新区城市色彩规划指引和重点片区色彩方案设计》充分借鉴国内外先进理念和智慧，集聚国内外经验，在色彩调和及色彩搭配的体系上运用了先进的理念和方法，在色彩的管控及引导上尝试了图则化和大数据的新方法。

容东片区是雄安新区最先启动建设的区域，也是该规划设计方案实践应用的案例。在这个案例中，展示了规划的应用方法和容东片区城市色彩的规划设计方案，形象地展现了容东片区城市色彩清晰明亮、优雅现代、显现地域特色的整体风貌。

对雄安新区城市色彩的规划研究与设计成果体现了这项工作的创新特点和示范意义，体现了"世界眼光、国际标准、中国特色、高点定位"的要求，体现了对高质量规划的不懈追求。随着规划建设的不断深入，"水天灵色、多彩匀宜"的雄安画卷正在徐徐铺展。

周俭
全国工程勘察设计大师

前言

创造历史，追求艺术

设立河北雄安新区，是以习近平同志为核心的党中央深入推进京津冀协同发展做出的一项重大决策部署。雄安新区是继深圳经济特区和上海浦东新区后又一具有全国意义的新区，是千年大计、国家大事。

按照党中央、国务院对《河北雄安新区规划纲要》（简称《规划纲要》）、《河北雄安新区总体规划（2018—2035年）》（简称《总体规划》）的批复精神和主要内容，牢固树立和贯彻落实新发展理念，着眼建设北京非首都功能疏解集中承载地，创造"雄安质量"和成为推动高质量发展的全国样板，建设现代化经济体系新引擎，坚持世界眼光、国际标准、中国特色、高点定位，坚持生态、绿色发展，坚持以人民为中心，注重保障和改善民生，坚持保护和弘扬中华优秀传统文化，延续历史文脉，推动雄安新区实现更高水平、更有效率、更加公平，实现可持续发展，建设成为绿色生态宜居新城区、创新驱动发展引领区、协调发展示范区、开放发展先行区，努力打造贯彻落实新发展理念的创新发展示范区。根据《规划纲要》和《总体规划》确定的总体目标和发展部署，坚持一张蓝图干到底，塑造新区风貌特色，打造蓝绿交织、清新明亮、疏密有度、城淀相映的总体景观风貌；加强城市设计，形成中华风范、淀泊风光、创新风尚的城市风貌；注重保护和弘扬中华优秀传统文化，保留中华基因，体现中华传统经典建筑元素，彰显地域文化特色，打造城市建设的典范。

色彩是城市的古老命题，却是现代城市研究中的新领域。城市色彩具有传递城市精神、展现城市形象、体现城市品质的重要作用。从长远来说，人们的"集体记忆"左右了城市色彩选择，城市色彩又反过来对公众的美学感官起到潜移默化的作用，影响持久而绵长。雄安新区的色彩愿景坚持中西合璧、以中为主、古今交融，弘扬中华优秀传统文化，保留中华文化基因，彰显地域文化特色，创造历史，追求艺术，让历史文化记忆和城市文脉在色彩的流传中得以传承，体现文化包容、时代创新的雄安风貌。

在此背景下，自2018年7月，雄安新区在编制《总体规划》《起步区控制性规划》及《启动区控制性详细规划》的基础上，组织上海市城市规划设计研究院与日本CLIMAT色彩设计公司组成联合团队，借鉴全球城市经验，从多维视角对雄安新区未来的城市色彩开展深入研究，目的是描绘雄安未来的色彩愿景，形成城市色彩总色谱，分步骤纳入城乡规划体系，编制落地性强的城市色彩设计，便于城市管理部门使用，并指导后续项目实施。

本书集中梳理雄安新区城市色彩专项规划和相关研究的主要成果，并在此基础上进行整合、编辑、出版，记录了雄安新区城市色彩规划思考过程和规划编制主要内容。本书既是工具书，为雄安新区的城市设计和建筑设计提供色彩建议；又是一本通俗易懂的色彩专著，用规划语言讲色彩，为探讨我国新建城市的色彩规划和施色原则提供雄安思考。

本书共分为6个章节。第1章总结性梳理城市色彩学和色度学的基本概念，为全书行文统一术语和表达；第2章解析雄安新区的宏观规划对城市色彩的愿景和引导，也对地区现状色彩进行客观分析；在此基础上，第3章提出了雄安新区色彩规划和设计的原则，作为方案推导的总体导向；第 4 章将设计原则运用到新区的城市色彩结构和分区指引中；第 5 章以容东片区为例，详细说明全区层面的色彩指引细化到中观地区层面的具体路径和方法；最后在第 6 章，展望未来雄安新区的城乡规划体系中，城市色彩规划管控的要素和方法。

鉴于编者眼界和水平，疏漏之处敬请指正。在此，感谢所有参与此项工作的单位、个人以及领导、专家、设计师与社会各界！

本书编委会

目　　录

序一　005

序二　006

前言　007

第 1 章　城市色彩的发轫和演进

1.1　色彩学的基本原理　015

1.2　城市色彩理论发展　031

1.3　城市色彩内容范畴　036

1.4　城市色彩实践的困惑　039

第 2 章　雄安蓝图色彩意象

2.1　雄安新区规划理念和思想　047

2.2　雄安新区色彩现状特征　051

2.3　中国传统城市色彩演进　058

第 3 章　遵循礼序营城色彩原则

3.1　从城市风貌特征推演色彩愿景　069

3.2　传统文化下城市色彩基本取向　071

3.3　三种观察视角构建城市色彩秩序　075

3.4　三种调和、五类配色与四季变化　082

第 4 章　色彩空间塑造雄安风貌

4.1　雄安新区色彩空间结构　097

4.2　色彩分区和分区特点　099

4.3　分类建筑施色通则　112

4.4　公共设施施色通则　117

第 5 章　容东城市色彩设计实践

5.1　容东色彩的规划思考　131

5.2　色彩结构和配色类型　134

5.3　分区色彩和特色塑造　138

第 6 章　构建城市色彩规划体系

6.1　城市色彩的感性理想与理性路径　161

6.2　大数据助力城市色彩长效管控　163

6.3　图则式管控城市色彩实践　166

结语　175

术语表　177

参考文献　179

1

CHAPTER 1

第 1 章

城市色彩的发轫和演进

色彩是生命的动人之处。

—— 安东尼奥·高迪

白洋淀上的荷花
张玉鑫 摄（2018 年 8 月 18 日）

自从有了人类，色彩便与生死、宗教、文化、政治、艺术、哲学紧紧联系在一起。1930 年，北京周口店发现了山顶洞人遗址，位于下室的墓葬内撒满了赤色的铁矿粉。按照恩斯特·卡西尔在《人论》中提出的"人是创造符号的动物"论断，人通过理性思考，创造了人与世界的符号关系。色彩是抽象的、具有象征意义的符号，原始人认为赤色有着与血和火同样的颜色，即表达对热血和重生的愿望。在此之后的历史长河中，任何一个民族、任何一个城市，都有着自己的"颜色文化"。

恩斯特·格罗塞在《艺术的起源》中谈到，红色是一切民族都喜爱的颜色。从人类学角度来看，对色彩的认知和情绪是不分人种的；但非常有意思的是，世界各地"不同的地区"，却呈现出"不同的色彩"，展现了每一个民族、每一种文化最丰富的想象力和最独特的创造力。

1.1

色彩学的基本原理

色彩学的基本原理是城市色彩研究的基石。色彩学（color science）是研究色彩产生、接受及其应用规律的科学。学科的物理基础是光学，并延伸到心理学和生理学，包含美学与艺术理论以及其他学科内容。在色彩学开展的悠久历史中，形成一系列成熟的理论与表达体系（表 1-1），帮助人们理性、客观、精准地进行色彩定量分析，并开展实践应用。

表 1-1　色彩学的发展历程

年份	人物／机构	主要著作或成就
1665 年	玻意耳（Robert Boyle）	色料三原色说
1666 年	艾萨克·牛顿（Isaac Newton）	三棱镜色散实验
1802 年	托马斯·扬（Thomas Young）	色觉三原色说
1810 年	歌德（Johann Wolfgang von Goethe）	《色彩论》
1831 年	布雷斯特（Sir David Brewster）	《光学》
1838 年	费希纳（Gustav Fechner）	主观色，精神物理学
1839 年	谢夫勒（Michel-Eugèner Chevreul）	《色的调和与对比定律》
1865 年	麦克斯韦尔（James Clerk Maxwell）	《色光三原色》
1868 年	赫姆霍兹（Hermann von Helmholtz）	扬赫三色学说
1869 年	奥伦（Louis Ducos du Hauron）	确立三原色印刷原理
1878 年	赫林（Ewald Hering）	《相反色说》
1879 年	路德（Ogden Rood）	《近代色彩论》
1905 年	芒塞尔（Albert Henry Munsell）	《色彩标注法》
1923 年	奥斯特瓦尔德（Wilhelm Ostwald）	《色彩学》
1944 年	穆恩、斯潘塞（P. Moon & D. E. Spencer）	《色彩调和论》
1961 年	伊顿（Johannes Itten）	《色彩艺术》
1964 年	日本色彩设计研究所（NCD）	实用色彩坐标体系

1. 色彩学的发轫

　　色彩是人眼产生的对光的视觉效应。早期人们对于色彩只能用模糊的形容词进行描述。约公元前 400 年，亚里士多德曾对色彩做出解释，指出色和光之间存在一定的关系，提出"光即色彩"，认为只有光的存在才能见到色彩。

　　1666 年，艾萨克·牛顿从笛卡儿的棱镜实验以及胡克和玻意耳的分光实验中汲取经验，通过三棱镜进行色散实验，获得了展开的光谱，证明白光是由赤、橙、黄、绿、青、蓝、紫七种色光混合而成，实现了人类色彩认识里程碑式的跨越。

　　基于牛顿的色谱理论，科学家们发展了各自的色彩学说。歌德的色彩视觉经验是对色彩理论的开拓性发展。他在 1810 年出版的专著《色彩论》（*Zur Farbenlehre*）中，提出了色彩"两极对立情感效应"，即"色彩总是以对立的方式显现的"，如"最近于光亮的黄色和最近于暗影的蓝色"。歌德将这种对立称之为"色彩本源的对立"，并在此基础上，研究色彩与心理和情感的关系。歌德的发现对后世的色彩学发展影响深远：龙格色彩球体表示色彩对应关系；麦克斯韦尔创立色彩混合学说；赫姆霍兹在托马斯·扬的基础上，提出的扬赫学说（Young-Helmholtz Theory），认为"色彩是眼睛对光的感觉"，视网膜中存在着三种不同的感光物质，它们分别感受红色、绿色和紫色；赫林创立的"心理学原色"理论，认为蓝与黄、红与绿、黑与白是影响人们心情、生理、感觉、情绪、思想的原色。格拉斯曼发表文章《混色理论》（*Zur Theorie der Farbenmischung*），提出色彩包含三个要素，即色相、明度和艳度，为色彩实践打开了现代之门。

　　进入 20 世纪，随着新材料和新技术的运用，色彩学进入快速发展时期，在视觉领域和产品设计中都发生了革命性的变化。1921 年，伊顿创立的十二色环图，奠定了包豪斯色彩构成理论的基础，他认为"色彩中存在多种对比效果"，构成了包豪斯"三大构成"支柱之一，色彩不再是高高在上的纯艺术或纯科学，而是与工艺、建筑、织染等技术紧密联系、系统融合，对现代主义的发展产生了深远的影响。

2. 色度学的建立

　　色度学是一门对人的色彩知觉进行量化的技术集成。色度学的发展使色彩的表现和认定的方法趋于科学化、系统化、精确化，因而成为城市色彩必须仰赖的基础学科。人们对色彩结构的认识经历了从平面到立体、从单维到三维、从角锥体到球体的发展过程。具有代表性的色彩体系是芒塞尔色彩体系、奥斯特瓦尔德色彩体系和日本实用色彩坐标体系（Practical Color Co-ordinate System，PCCS）。色立体借助三维空间的模式进行表色，至今为止，还没有一个色立体能够同时满足既能将所有色彩安置在色立体上，同时又能够方便、合理地选择配色。人们仍然只能根据自己的目的选择或开发相应的色彩系统。

芒塞尔色彩体系（Munsell Color System）

芒塞尔色立体以创造者阿尔伯特·亨利·芒塞尔的姓氏命名，最初发表于 1905 年，后经美国光学学会修订，于 1940 年开始被广泛推行。它从视觉层面出发，把色彩三要素在圆柱体模型上进行了科学定位。百余年来，芒塞尔表色体系已发展成为世界上影响最大、使用最广的色彩体系，构筑了色彩世界的秩序。

芒塞尔色立体通常情况下使用一个圆柱进行表示（图 1-1）：圆柱纵向维度由下至上表示明度值（Value，V）的增长；圆柱的圆周维度表示色相（Hue，H），并沿圆周循环往复；圆柱的半径由内至外表示艳度值（Saturation，S）增长，并在圆周处彩度达到峰值。由于这种针对色彩分析的划分方式较符合人们通常的感知习惯，因而得到普遍认可。1994 年，我国引入芒塞尔色立体，并以它为范本制作了中国颜色体系。本书也将芒塞尔体系作为表色的主要工具。

色相（H）即色彩的相貌。色相的不同与可见光的波长有关，如红（770～620 nm）、橙（620～592 nm）、黄（592～578 nm）、绿（578～500 nm）、蓝（500～464 nm）、靛（464～446 nm）、紫（446～390 nm）。由于波长的不同，色相通过薄膜干涉或电子跃迁等方式，进入视觉神经，使双眼知觉到不同的色相。

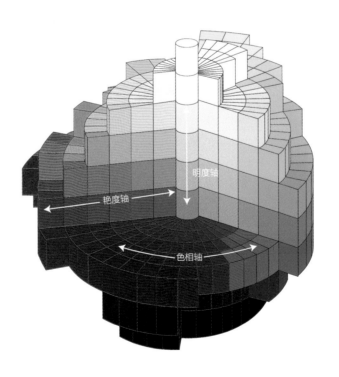

图 1-1　芒塞尔色相环

芒塞尔色立体的色相维度在 360°的圆周上进行十等分，包含五个原色和五个间色，基准色相号为 5，以红色（5R）作为 0°，顺时针方向每隔 36°依次标记红黄色（5YR）、黄色（5Y）、黄绿色（5GY）、绿色（5G）、蓝绿色（5BG）、蓝色（5B）、蓝紫色（5PB）、紫色（5P）和红紫色（5RP）。每种色相之间再进一步细分为 10 等份，总计 100 种色相。色相用数字标识，如红色为 1R 至 10R，即最接近红紫色的红到最接近红黄色的红。实际上，人眼识别和样本打印上是无法区分 100 种色相的。因此，在一般情况下，尤其在城市色彩的研究、规划和设计时，将十个色相之间做成 2.5，5，7.5，10 数值的色卡，如红色（R），按照顺时针方向分为 2.5R，5R，7.5R，10R 四个刻度。按照这种方式，每个色相在色相环上都能找到自己的刻度，如 10YR 为 54°，利用色相对应的刻度，清晰描绘了色彩对比的形成、组合秩序和逻辑规范（图 1-2）。按照人们对色彩的直观感受，0～90°，即 5R～10Y 为暖色；与之相对，180°～270°，即 5BG～10PB 为冷色，其他两个区段则为中性色。

明度（V）是色彩所具有的明度或暗度，即色彩所表现的明暗程度。计算明度的基准是灰度测试卡。黑色的明度最低，级别为 0；相反，白色的明度最高，级别为 10，0～10 平均分为 11 个明度阶级（图 1-3），相邻明度值之间还可以继续均分为 10 个明度。城市色彩中的明度一般精确至一位小数，即 0.1～3.9 为低明度，4.0～6.9 为中明度，7.0～9.9 为高明度。

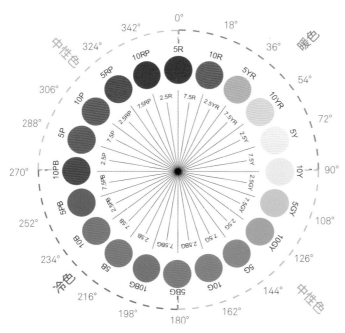

图 1-2　芒塞尔色相环

图 1-3　明度示意图

艳度（S）表示色彩的鲜艳程度。各色相所能达到的艳度的最高值是不同的，红色（5R）是艳度最高的色彩，红黄色（5YR）和黄色（5Y）艳度相对比较高（图 1-4），蓝色（5B）、紫色（5P）艳度最低。艳度与色相及明度均有关系，不是由单一要素决定的，也就是说不存在特别暗但同时特别艳的色彩。芒塞尔色彩体系将艳度分为三个等级：0～4.9 为低艳度，5.0～7.9 为中艳度，8.0 以上为高艳度。与明度相似，城市色彩中的艳度，一般达到小数点后一位的精度就可以了。

奥斯特瓦尔德色彩体系（Ostwald Color System）

奥斯特瓦尔德色立体从色彩混合原理出发，聚焦色彩要素成分的比例与色彩调和的关系。色立体上的颜色被解析为三种成分的混合比量，即"黑色含量（B）+ 白色含量（W）+ 彩色含量（C）=100%"。以纯黑、纯白和纯彩为端点构成等边三角形，每条边平均分成 8 等份，形成色彩渐变的梯度（图 1-5）。

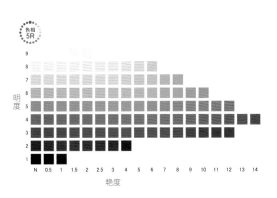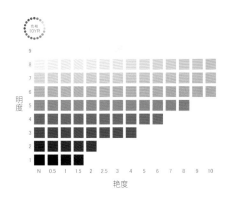

图 1-4　艳度与色相和明度关系示意图

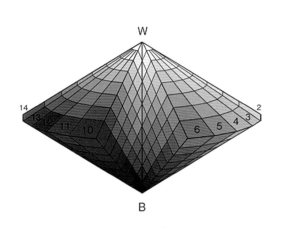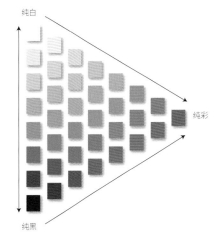

图 1-5　奥斯特瓦尔德色立体（左）及等色相三角形（右）

　　奥斯特瓦尔德表色系统运用"赫林四色说"，按照色环的顺序组织成一个圆锥体时，以红、黄、绿、蓝四原色为基础，两组补色分别相对位于圆周的 4 个等分点上，再于四原色之间添加橙色、紫色、蓝绿色和黄绿色四种色相，用这 8 个颜色共同组成色立体的原色，再将上面的每一色相分为 3 种色相形成间色，最终由原色和间色共同形成 24 个色相（图 1-6）。

　　在这个极为规则的系统框架里，清晰地展现着"调和等于秩序"的色彩论理念，四种调和色选择的位置明确提示着"等比量""等纯量""等含有量"等具有等量性的选择，这些是求取色彩调和的经典法则。由此奥斯特瓦尔德色立体又被称为"色彩调和手册"，在建筑业、室内装修业界用途广泛。奥斯特瓦尔德色彩体系的缺点与其优点同样明显，即色彩的艳度与明度无法在立体模型中找到对应的位置，从而导致某些混合色无法在色立体中找到。

日本实用色彩体系

　　吸取了芒塞尔和奥斯特瓦尔德色立体的优点，日本色彩设计研究所于 1964 年发表了实用色彩坐标体系（PCCS）。PCCS 以配色和色彩的调和为目标，色相和艳度取值规则与芒塞尔色立体是一致的，但在艳度和明度关系上借鉴奥斯特瓦尔德等量原则。该体系强调色调（Tone）的概念和作用。所谓同一色调就是指明度和艳度相同，而色相不同。同一色调的颜色任意搭配

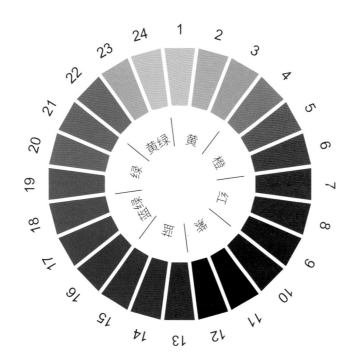

图 1-6　奥斯特瓦尔德色相环

都会非常协调，而不同的色调会带给人们完全不同的印象（图 1-7）。在此基础上，引入色彩语义的表述，将色彩感受与色彩体系结合在一起，使色彩体系更容易解读和理解，为城市色彩的社会调查和普及提供了便利。

在 PCCS 的理论基础上，日本中川化工株式会社在日本色彩设计研究所的协助下研发了中川色彩系统（Nakagawa Original Color System, NOCS），在配色应用方面进行了新的发展和应用。通过生成同系列色调的算法，NOCS 色彩系统将三维的色立体转化为二维的表色系统，将明度和艳度两个维度进行降维处理，转换成一维的色调进行表达。横轴表示色相，纵轴表示色调，较其他色卡更容易选择出色彩调和的配色结果。因此，NOCS 系统主要具有以下三个优点：一是横轴方向可选择色调调和（同色调）的色彩，纵轴方向可选择色相调和（同色相）的色彩；二是NOCS 与芒塞尔数值一一对应，可以转化为常见的色度单位；三是低艳度区域的色彩丰富饱满，适合作为建筑物和构筑物立面的色彩，选择范围非常大。NOCS 系统提供了 6257 个打印色彩（图1-8），可供制作色卡；电子色彩库中，共有一万多种色彩可供选择。

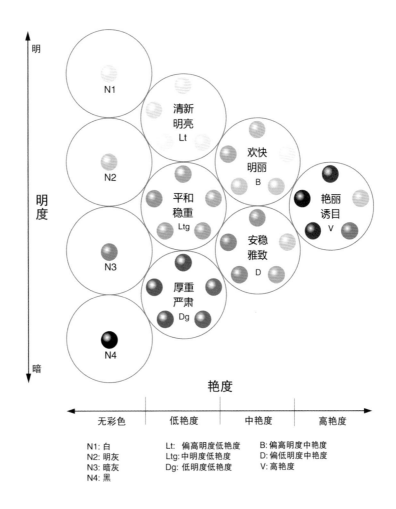

图 1-7 色调与色彩印象的关系

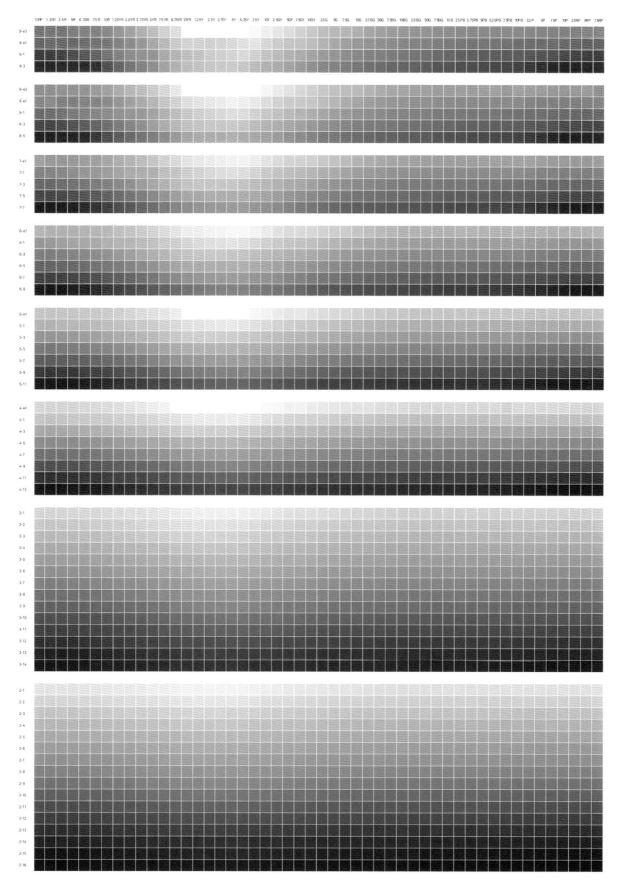

图 1-8　NOCS 色彩系统

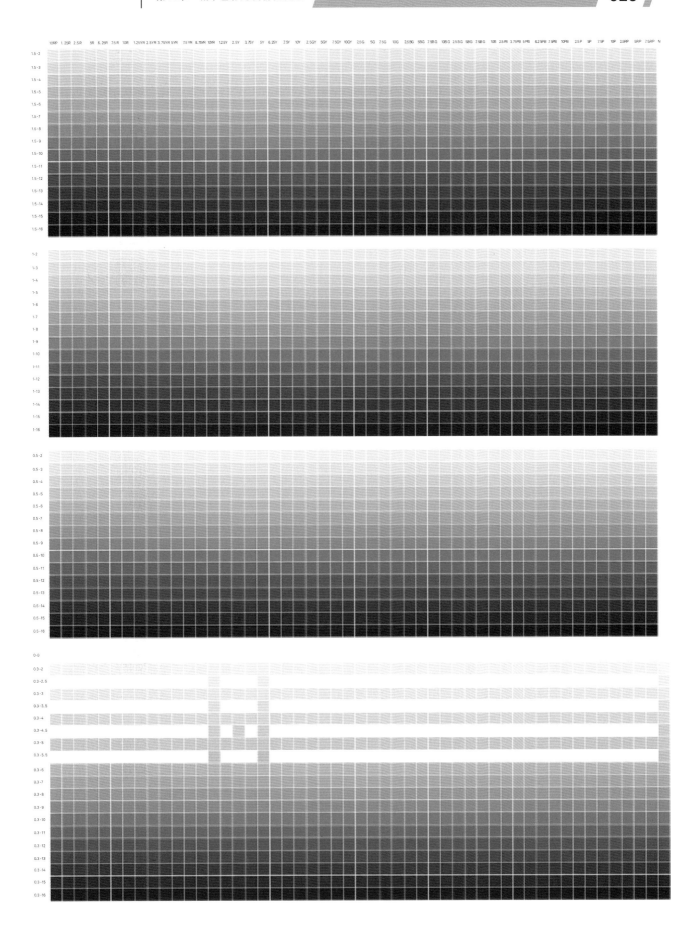

在表色方式上，与芒塞尔体系"色相、明度、艳度"（HVS）略有不同的是，NOCS 按照"色相、艳度、黑度"（HSB）进行表达，其中黑度值从 e3 ～ 16，即从纯白到纯黑。其中，黑度 e3 ～ e1 相当于芒塞尔体系中 10 ～ 9.5 的明度值；黑度 1 ～ 3 相当于明度 9 ～ 7；黑度 4 ～ 9 相当于明度 6 ～ 4；黑度 10 ～ 16 相当于明度 3 ～ 1。较芒塞尔系统，NOCS 能够表达更加丰富的明暗程度，在城市色彩中具有更广泛的使用空间。基于 NOCS 系统在城市色彩中的适应性优势，以该系统作为本书施色逻辑的技术基础。

3. 标准色卡的选取

色卡是一种色彩预设工具。国际标准色卡是色彩实现在一定范围内统一标准的工具。作为测色、记录、校色、选色、制作色谱时不可或缺的准绳，色卡以精准的数值来传达色彩信息，是色彩世界中的通用语言。数值记录要比单纯的文字描述更为精准，更能准确无误地传达色彩信息。即使色彩规划设计工作结束以后，人们仍然能通过精准的数值记录，去追溯调研、选色、定色等整个工作过程。

城市色彩的演进是一项复杂的系统工程，会经历较长的形成和校验周期。认真保留规划工作的整个流程信息，可以帮助相关人员一起推进整个工作乃至后续工作的有序运转。由此可见，选择一套合适的色卡，对开展城市色彩规划工作是极其重要的。任何一种色卡都是为了某种特定目标创制的，没有一册色卡可以满足人们的所有的色彩需求。一般来说专类色卡可以用来进行色彩的收集和测量，如劳尔色卡、潘通色卡、立邦色卡、自然色色卡、中国传统色色卡、中国建筑色卡等；地区专门色卡用来指导特定区域的色彩发展，如雄安色卡等。

劳尔色卡

1927 年，当劳尔色卡（RAL）创建了一套统一的色彩语言，为丰富多彩的颜色建立标准统计和命名，这些标准在世界范围内得到广泛的理解和应用（图 1-9）。4 位数的 RAL 颜色作为颜色标准已达 70 年之久，无光泽的颜色基础色卡为 840-HR，有光泽的为 841-GL，这些颜色基本色块满足了大范围的应用，已广泛用于专业色彩设计中。

潘通色卡和立邦色卡

1963 年，潘通公司开发了一种革新性的色彩系统，即通过扇形格式的标准色（Pantone Machining System）消除了人们对色彩的识别、配色和交流障碍，从而大大提升制造行业制图配色的准确性（图 1-10）。50 多年来，潘通已经将其配色系统延伸到色彩占有重要地位的各行各业，如印刷、纺织、塑料、建筑以及室内装饰等。在建筑涂料领域，也经常使用立邦色卡（图 1-11）。

图 1-9　劳尔色卡

图 1-10　潘通色卡

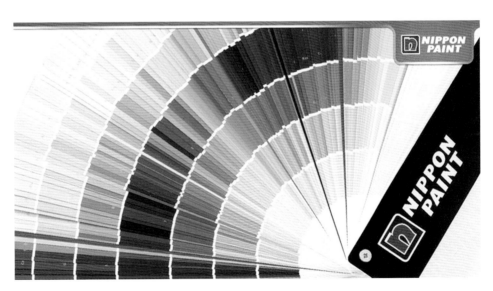

图 1-11　立邦色卡

自然色色卡

瑞典自然色体系（Natural Color System，NCS）的研究始于 1964 年；1972 年成为瑞典国家标准；1979 年推出 1412 块样片的瑞典标准颜色图册，目前常见的版本是 1950 色（图 1-12）。NCS 色卡已经成为瑞典、挪威、西班牙等国的国家检验标准，也是欧洲使用最广泛的色彩系统，运用于各行各业。在城市色彩的测色阶段经常用到 NCS 色卡。

中国传统色色卡

20 世纪 80 年代，中央美术学院完成了《中国传统色色卡》的制作，打印出的 320 色中，来源于历代绘画、绘画理论书籍、石窟和寺庙的壁画，以及甘肃和新疆出土的汉唐织锦，包含矿物色、植物色、合成色及若干外来色（图 1-13）。在表色系统方面，《中国传统色色卡》采用芒塞尔和惯用色名两种表色方式。

中国传统色的名称可分为固有色名和传统色名两大类。从动植物、矿物质、染料等事物名称沿袭过来的色彩，如土布色、琉璃色、铜绿色等，根据名称很容易联想到实物的颜色，称为固有色名；约定俗成、传承沿用的色彩，如绀青色、承德灰、毛月色等，称为传统色名。固有色名与传统色名统称为惯用色名（表 1-2）。

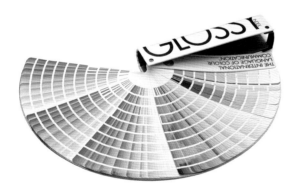

图 1-12　自然色色卡

图 1-13　中国传统色色卡（第三版）

表 1-2　中国传统色中的固有色名举例

来自植物		来自动物		来自矿物	
香叶红		猪肝紫		锌灰	
紫荆红		斑鸠灰		古铜紫	
芡实白		沙鱼灰		铅灰	
竹绿		鹦鹉绿		铁水红	

中国建筑色卡

在研究了世界上各主要有颜色体系后，基于大量中国人色彩视觉实验，我国科学家于 1994 年完成了中国颜色体系课题，并以此为基础，完成国家标准《中国颜色体系》（GB/T 15608—1995，后更新出版了 GB/T 15608—2006）。以此为依据，色彩科学家们制定了《建筑颜色的表示方法》（GB/T 18922—2002）；在此基础上，制定了"中国建筑色卡"（GB/T 18922—2008），作为国家标准，普适性地印制了 1696 个标准色（图 1-14），为建筑界色彩标准化管理提供了中国标准。应该说，中国建筑色研究起步较晚，色卡的选色仍需要经历一段时间的沉淀和优化，在低艳度区间的色彩丰富度、配色的便捷程度以及合理性方面仍有待提升。

雄安色卡

为了收集、总结雄安地区本土色彩，并为雄安新区未来的城市发展提供色彩指引，结合《雄安新区城市色彩规划指引和重点地区色彩方案设计》相关工作，以 NOCS 系统为数据底板，雄安新区城市色彩规划联合团队研发和制作了《雄安新区城市色彩推荐色色卡》（以下简称《雄安色卡》），精选 344 个色彩作为雄安新区城市色彩的推荐色，涵盖基调色、辅助色和点缀色（图 1-15、图 1-16）。

雄安色卡与"雄安配色类型"紧密相关，共同形成雄安城市色彩的施色逻辑。雄安色卡的每一页为同一个色相，标注在色卡的最上方。色块的左下角用文字表达色调，如"浅一""中一""深一"等。在色调的右侧，依次标注色彩的中国传统色色名、NOCS 编号和相应的芒塞尔色值（图 1-17）。一般来说，如果基调色、辅助色和点缀色选择同一色卡页上的色彩，即可确保获得色相调和的配色组合。

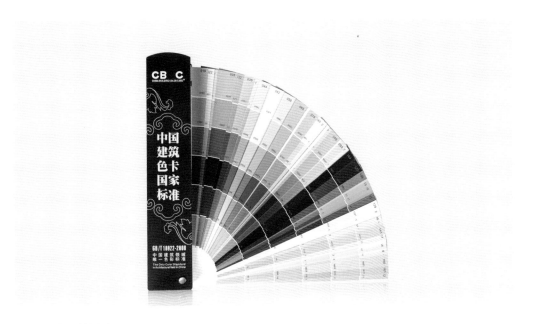

图 1-14　中国建筑色卡

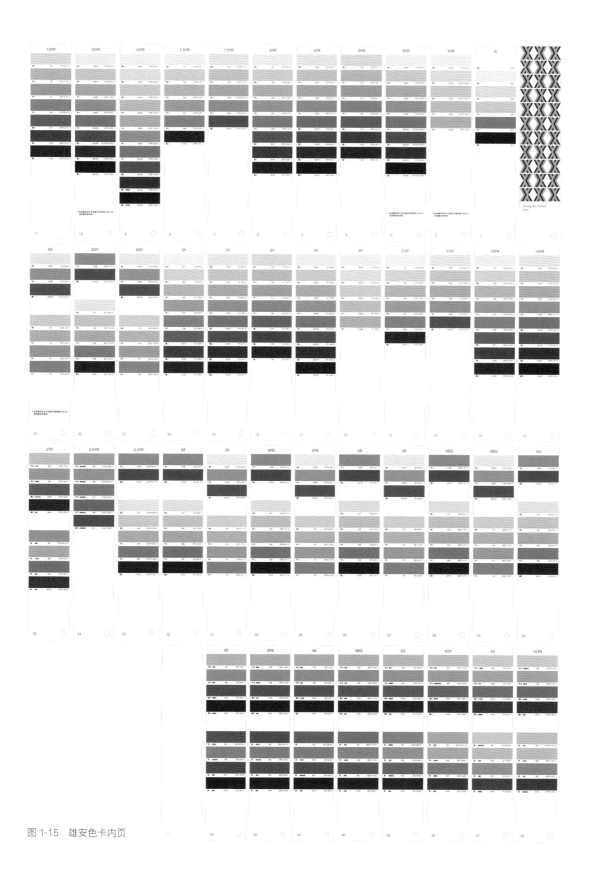

图 1-15　雄安色卡内页

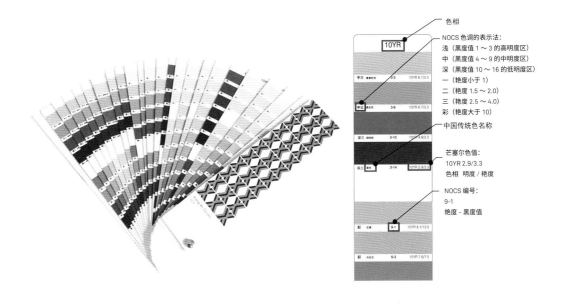

图 1-16　雄安色卡　　　　　　　　　　　　　　　　　　　图 1-17　雄安色卡的构成

4.色彩的对比和调和

当两个及两个以上色彩相互关联时，产生的反差，即产生色彩对比，对应色彩三要素，分别为色相对比、明度对比、艳度对比，不同要素间的差别形成不同的对比。应当指出的是，色彩对比未必会带来不协调感。

色相对比是指以色相为主要差别的对比。在色相环上，两色夹角越小，对比度越弱，甚至同处一个颜色区间，可以形成同色对比，达到协调的视觉效果，但同时差别越小越会给人一种难以辨别、边界模糊的感觉。芒塞尔色相环上两色夹角在 45°～90°时，称为近似色对比，色相之间差别适中，既富有变化又整体和谐，协调感较强，基本达到协调统一感，优于同色对比，视觉效果清晰、丰富。如果色相环上近似对称的两个色彩对比强烈，两色形成 90°以上的夹角时，称为对比色，此时对比感强，视觉效果鲜明突出，但有引起视觉疲劳的风险，在城市色彩的运用中，不宜大面积、大范围使用，应通过调整位置关系、明度关系、艳度关系等，达到和谐统一的效果；色相环中两色相差 180°，是绝对的对比色，称为互补色，是色相之间最强烈的对比，视觉冲击力大，一方面产生了出众的色彩效果，另一方面可能会造成强烈刺激（图 1-18）。

明度和艳度对比主要体现为色彩的层次和空间感。在色相不变的前提下，通过明度的组合，可以达到既丰富又协调的视觉效果。芒塞尔色彩体系中，不论是有彩色还是无彩色，明度差在 1.5 以内时，形成的对比较弱，人眼几乎无法辨别；明度差为 1.6～5.0，可以形成适中的对比；明度差达到 5.0 以上，会形成清晰强烈的对比。

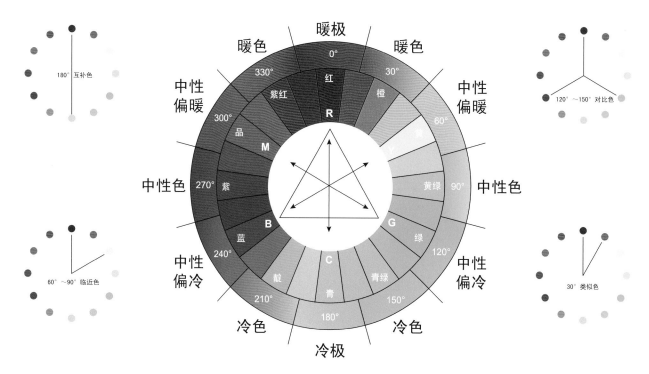

图 1-18　色相对比关系示意图

　　不同的明度带来不同的心理感受，明度高的色彩通常给人感觉明朗、轻快、安静、纯净，中等明度的色彩给人的感觉比较庄重、安稳、素雅，明度低的色彩给人感觉神秘、严肃、厚重。

　　与明度相比，艳度对比的视觉和心理感受影响相对较弱，相差 4 个等级以下为低艳度对比；相差 5～8 个等级的为中等艳度对比；相差 8 个等级以上为强艳度对比。高艳度的色彩视觉冲击力很强，给人活力、热情的感觉，低艳度的色彩温和、平静，给人以朴素、干净的感觉，不同艳度也通常通过构图来缓解冲击和刺激。

　　色彩之间有对比就有调和，色彩的调和是将两个以上色彩有秩序地组合起来，形成连贯、协调的色彩视觉效果。色彩调和是差别较小的多种色彩的相互搭配，而实际上色彩调和与色彩的对比并不是相对立的两个过程，从某种程度上看，色彩调和就是低程度的对比相互之间的协调，色彩调和分为色相调和、类似色调和及色调调和。

　　色相调和是指色相环中，同一种或极相近的色相之间的搭配，通过色调的差别，产生调和的效果。扩大色相范围，在近似色范围内选色色相，降低色调的差别，也能达到色彩调和整体性的风貌效果。进一步加大色相选色的范围，那么就需要稳定色调，从而达到色彩调和的效果。

1.2

城市色彩理论发展

在城市文明发展的初期，城市环境色彩的主题来源于就地取材的建筑材料，形成早期的城市色彩风貌。在发展过程中，不同的国家和城市，因政治制度、宗教信仰、传统礼教，以及地域、气候形成不同的色彩偏好，塑造了独特的城市文化与色彩文脉，以及与之相对应的形式独特、风格鲜明的色彩样式。

伴随着现代主义思潮和全球化的浪潮，城市色彩的研究随着城市找寻、认知自身地域特征的努力应运而生，城市色彩规划和设计工作在世界许多重要的城市中陆续开展。

1. 城市色彩的缘起

欧洲工业革命以来，生产力的巨大提升、工业技术的迅速发展，丰富了设计人员的创作手段，水泥、玻璃、钢筋混凝土、钢材等新材料的广泛应用，显现了新的城市色彩表达方法。现代主义思潮强调功能、形式与材料的统一，坚持服务大众，摒弃昂贵的建筑材料，广泛采用工业化建材，通过其本色表达真情实感，即运用高明度、低艳度的基调色，小块几何形高明度、高艳度点缀色，影响了整个 20 世纪的建筑发展趋势，同时也深刻影响着城市的物质空间色彩。

二战后，欧美国家逐渐出现"色彩调节"（Color Co-ordination）的倾向，即通过功能主义色彩运用的方式，关注城市中色彩与视觉感受的关系，将色彩功能与心理效应相对应，人们逐渐认识到城市色彩的重要性。进入 20 世纪 60 年代，"色彩调节"向两个方向发展：一方面是将色彩作为改善环境和表现城市文脉的重要元素，保护城市历史区域的环境色彩面貌；另一方面，在纽约等一些新兴城市，人们使用大量鲜艳的色彩，以建筑物、广场等城市空间为媒介，通过大型绘画的方式（事实上是通过产品和广告设计的方式）表达城市风貌特色。

"色彩调节"的风尚很快消散了。20 世纪 70 年代，城市色彩的系统研究逐渐成熟起来，可以分成"理论派"和"实践派"两大阵营。"理论派"大多是正统的学院派，代表人物之一是伊夫·夏赫内，主张从色彩原理入手来研究城市色彩，立足色度学，注重精确的色彩定位和复制。"实践派"学者主要是由让-菲利普·朗克洛（Jean-Philippe Lenclos）为代表的艺术家群体和以维尔纳·施皮尔曼教授（Prof. Werner Spillmann）为代表的设计师群体。"实践派"对色彩问题的研究往往源于实践中遇到的问题，因而更加重视实用性和适用性，更重视视觉和直觉。

2.色彩地理学及衍生应用

　　"色彩地理学"是让 - 菲利普·朗克洛提出的概念，他认为一个地区或城市的建筑色彩受到该地的自然地理条件和地方历史文化传统两方面的影响，因此形成具有地域性差异的色彩审美。他的研究对象往往是有地域特征、历史悠久的村庄和小城镇。朗克洛的色彩调查法在于尽可能全面真实地掌握一个地区、城市或国家有代表性的色彩规律，以此说明建筑色彩与地方性的自然地理环境（诸如地方材料、气候条件等）以及人文地理环境（地方文化传统、风俗习惯等）的密切关系。"色彩地理学"的理论被广泛传播，得益于欧美城市规划领域对旧城保护的重视。

　　朗克洛主张对地方文化的保护，他的贡献在于对色彩的评价。色彩调查的工作内容是对地方性色谱的采集、提取和归纳总结。通过色彩收集、整理和分析，得出一个地区的建筑色彩数据库。色彩调查工作能够全面掌握城市和建筑色彩现状，为该地区的地域特征保护和发扬提供依据。

　　朗克洛最初对法国 15 个地区的建筑色彩进行了调查整理，随后对欧洲 13 个国家的色彩进行调查，并进一步对北美洲、南美洲、非洲、西亚和东亚的 11 个地区进行色彩调查研究。朗克洛提出的"色彩地理学"理论对世界各地色彩研究机构的研究工作都具有颇为深远的影响。

　　朗克洛色彩调查方法的基本内容是根据对建筑组建要素和材料所进行的系统性评价，收集某一地区或地点现有的建筑色谱。这种调查方法作为一种基础性研究，对各地区和城市将来制订相关的地方色彩保护措施，以及城市色彩的规划、设计等实际操作都具有重大的意义。具体来说，朗克洛色彩调查法可大致分为两步，首先是色彩的收集，然后是色彩的概括（图 1-19）。

图 1-19　朗克洛色彩调查法、色彩复制和材料样本采集

　　色彩的收集是在研究的初始阶段，尽可能地依靠建筑本身及其环境所提供的客观证据，采集样本。使用彩色铅笔进行速记和色彩注解，然后进行品质分解并形成综合图表。着色师从地、墙、屋顶、门、百叶窗等地方系统地收集材料和颜色样本。

　　朗克洛开创了一种结构分析法，将实地观察到的色彩复制，制定总结性色谱和图谱，每张包含 25 种色彩，或详或略地说明各地的色彩情况。具体使用水粉复制实地观察到的色彩，用这些色彩来制定总结性色谱，每一种色彩都代表一种房屋立面色彩。

　　日本的城市色彩研究延续了法国色彩地理学理论研究和思想，并通过提升测色仪器的科技水平，改善了城市色彩研究的实证水平和色彩科学的准确度，特别关注城市色彩对人的心理产生的影响，将色彩的感性认知与理性度量结合起来，为城市色彩的设计工作夯实了基础(图 1-20)。

　　在此基础上，日本建设省于 1992 年和 2004 年分别推出了《城市空间的色彩规划》和《景观法》，为创造良好的城市景观色彩提供了法律依据。城市色彩的法规化，开创了色彩规划和管控的亚洲模式，与欧美项目化的管理方式一道，形成当代城市色彩理念的两大分支。

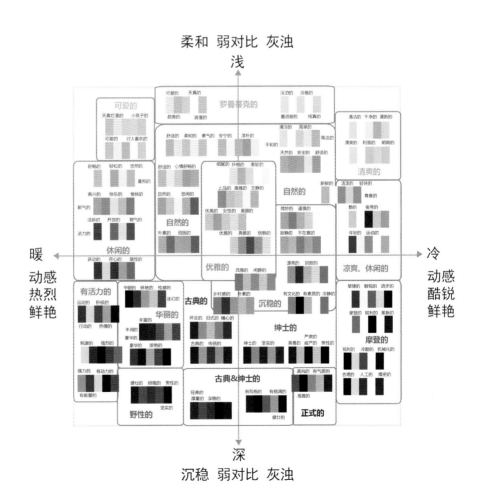

图 1-20　色彩情感象限

20 世纪八九十年代，英国景观学界发展了色彩景观理论，由英国景观学家、格林尼治大学（University of Greenwich）景观建筑学教授迈克尔·兰开斯特（Michael Lancaster）提出。兰开斯特教授在《色彩景观》（*Colorscape*）一书中阐述了色彩与空间、色彩与场所之间的关系，强调色彩彼此之间，以及色彩与环境之间的关系，主张"通过对环境中色彩因子进行控制性的设计，来表现地域化、个性化的城市景观"。

几乎同时，美国建筑学界将话题的焦点转向建筑色彩环境，包括建筑的外部环境和内部空间的色彩问题。以美国伊利诺伊州皮奥里亚市布拉德利大学艺术系主任林顿教授（Harold Linton）和建筑师西萨·佩里为代表的建筑色彩研究者，在《建筑色彩：建筑室内和城市空间的设计》（*Color in Architecture: Design Method for Building, Interiors and Urban Spaces*）、《色彩研究》（*Colour Consulting*）和《组合设计》（*Portfolio Design*）等著作中，详细阐述了"色彩是除建筑形式和建筑空间以外，与建筑设计密切相关的最重要要素"。

3. 创造色彩的空间感

与色彩地理学不同的是，以维尔纳·施皮尔曼教授为代表的设计师群体，强调色彩的创造性和时代意义。他将色彩作为设计的基本元素，并呼吁将色彩作为建筑设计的重要元素。对于建筑色彩设计，他反对单纯从形式美学层面上进行探讨的潮流，同时也反对仅仅将色彩作为设计过程的最后阶段进行考虑的操作方式；他强烈呼吁在项目的最初阶段，便从使用者的需求层面，以及环境因素等方面考虑色彩的选取和安排。在施皮尔曼教授看来，色彩代表着秩序，色彩的对比和调和，分割和整合了元素群体。

传统方法中，色彩只是建筑设计的补充，通常只在建筑设计的最后阶段才予以考虑。这使得色彩很难成为建筑构成的有机组成部分，阻碍了色彩与建筑结构的相互协调。施皮尔曼教授提出同步开展"色彩概念方案"，强调色彩设计必须放在建筑设计的最初阶段进行考虑，以区别于传统的色彩设计方法。

施皮尔曼教授的概念色彩设计，最初是针对建筑和室内设计，后来也用在城市设计领域。具体说来，整个色彩设计的过程分为 6 个阶段，即：分析现状、明确总体逻辑关系、建立色彩和材料的概念、选择真实的材料和色彩、监督工程的实施以及综合评价。

简单说来，该方法的特点是在规划的早期阶段，通过分析项目的现状条件、功能特点和使用者的需求等方面，对色彩和材质使用建立一个全局观念（图 1-21）；在中间阶段，需要考虑实际的色彩和材料的选择（图 1-22）；最后，是对项目的实施进行监督。施皮尔曼认为，建筑色彩设计不只是色彩元素之间的内在逻辑关系；更重要的是，色彩要与周边环境、建筑的功能和形态发生关系，并与人类行为的预期需求相一致。

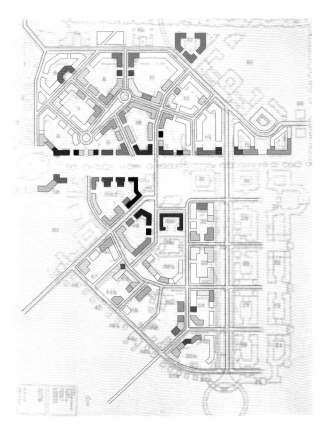

图 1-21　色彩总平面图

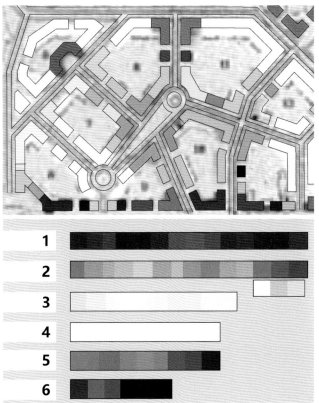

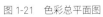

图 1-22　节点色彩分析与配色分析

1.3
城市色彩内容范畴

城市色彩包容广阔，并且借助各类形式的物理载体，存在于城市的方方面面。因此，城市色彩是实体要素通过人的视觉反映出来的相对综合和整体的色彩面貌，是城市空间内所有可见物体的综合色彩特征。

城市色彩受到时间维度和地域维度的双重影响，并在发展过程中，逐渐扩充了色彩的内涵。一般来说，在现代城市中，城市色彩主要指建筑物公共立面的色彩。当然，城市景观、公共设施、交通基础设施、交通工具及户外广告等色彩也影响了城市色彩的整体印象和品质（图 1-23）。

按照城市空间特征，城市色彩可以分为自然环境色、人文环境色和人工环境色等类型。自然环境色是指包括土地、山体、岩石、植被、江河湖海等软质景观的色彩。在自然景观中，基调色大部分以泥土、砂石、岩石等色彩为主。这些色彩不会随着四季变化而变化，以稳重的暖色系、低艳度、低明度色彩为主，并具有微弱的明度和艳度变化，呈现出细腻深厚的多样性。

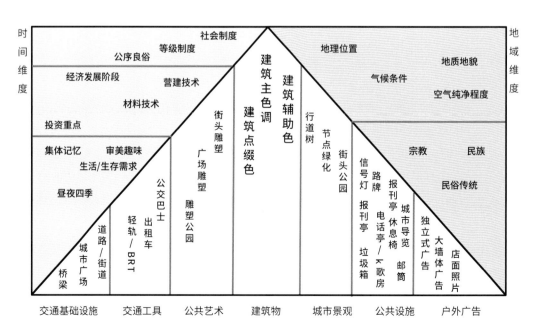

图 1-23　城市色彩维度的内容

短时间绽放的花朵和树木的颜色，是环境中的活动色彩，与大地基调色相比面积较小，但都具有鲜艳的色调，色相也以红、红黄色系及黄绿、绿色系为主。因此在自然景观中，环境色彩的组成规律是不活动的大地色彩映衬着活动的植被色彩，即低艳度、低明度的基调色为背景，映衬高艳度、高明度的点缀色。这是大自然的色彩启示。

人文环境色主要包括历史文化传统中偏好和禁忌的色彩，以及与此相关的日常服饰和节庆活动的装饰物色彩等。

人工环境色可以分为三种：建筑物构成固定色，是城市色彩最主要的构成要素；构筑物、店招广告、交通基础设施、公共艺术、景观绿化、公共设施等构成临时色；交通工具等构成流动色。

根据规划和设计的需要，也可以将城市色彩分为背景色（多指天空、山川、树木、土壤、岩石等某地区独特的自然环境色彩）、前景色（指建筑组群或街墙界面的总体色调）和强调色（指人工景观元素，如建筑物外立面的主要色彩），在不同的城市环境中，概念的相对性和指向性会略有差异。

1.固定色应以低艳度色彩为主

由城市建筑构成的前景色，其艳度会改变被映衬物体的色彩视觉艳度感。图 1-24 显示的色彩对比中，显示出艳度不同的色彩对比。两个正方形中央的橙色色块为相同的颜色，但是由于背景的艳度不同，左侧的颜色比右侧的颜色显得鲜艳。因此，在城市景观中，低艳度色彩作为背景色和前景色，高艳度色彩即使小面积出现，也会形成强烈对比；从另一个角度来讲，如果背景色和前景色的艳度过高，那么点缀色的艳度再高，也无法被衬托出来（图 1-25）。因此，一般来说，建筑的外立面无需、也不应该大面积地使用高艳度色彩，广告和店招店牌可以适当选用鲜艳的色彩。

2.固定色的明度需根据背景色进行调整

不管白天还是黑夜，高明度色彩比低明度色彩更引人注目，在视觉上产生距离感。如果要大面积使用，需要推敲效果。不需要引人注目的城市元素可以使用低明度色彩。图 1-26 中，两个正方形中央的灰色，由于背景色明度不同，右侧的灰色显得明快，左侧的灰色显得昏暗。如果这种现象运用于城市景观，相同的灰色，由于背景景观中基调色色彩不同，灰色醒目程度不同。例如，高明度色彩为基调的建筑物，与水景等开放空间相融洽；但是与山景等绿色自然景观对比强烈，景观印象缺乏融洽感（图 1-27）。

图 1-24　以低艳度色彩为背景时，高
艳度色彩才能被凸显出来

图 1-25　背景艳度不同，前景物体的艳度会呈现不同的印象

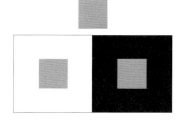

图 1-26　以低明度色彩为背景时，高
明度色彩才能被凸显出来

图 1-27　背景明度不同，前景物体的明度会呈现不同的印象

1.4

城市色彩实践的困惑

1. 建筑材料的国际化带来城市色彩的趋同

色彩是城市长期积累的结果，是城市气质的外在流露，而建筑色彩是城市色彩的重要组成，建筑材料的变迁对于城市色彩面貌有巨大的影响，人类运用材料建造家园的历史非常悠久，建筑材料以其特有的质地、性能和色彩而使城市独具特色。

自然建筑材料是经过加工后仍未改变原有性状的建筑材料。主要包括各种天然石材、砖、木材和土壤等。自然材料具有丰富的肌理和质感，所表现出来的色彩效果柔和而含蓄，层次感强，加上人类亲近大自然的天性与感知色彩的生理特性，使用自然材料的建筑更容易取得与自然环境的协调，也容易让人获得视觉上的愉悦。

人类在进入工业化社会以前，地方材料主要来源于当地的自然材料，再加以简单加工。不同地域出产不同的地方建筑材料，而"就地取材"是古往今来世界各地选用建筑材料的依据。一般情况下，地方材料的使用更容易获得和谐的色彩关系，形成当地人们喜欢的色彩景观。在过去很长的一段时间里，地方材料是城市色彩的重要载体，决定着城市色彩的面貌。

随着现代化进程的深入，新技术、新材料的不断涌现，交通的便利和互联网的发展，人们可以轻而易举地获取各种色彩的建筑材料，并可以追逐自己喜欢的风格流派，城市建筑色彩因此更加具有丰富性和多样性。

由于建筑材料和建造技术的进步，建筑师对于材料色彩的选择越来越自由，城市中的建筑色彩变得越来越多样化，建筑师在建筑设计中追求新奇别致，城市中不同年代建造、材质色彩迥异的建筑比邻而居，给城市色彩的控制带来了一定困难。

色彩滥用现象的反面是色彩趋同，这是我国城市目前面临的比较普遍的问题，其中包括城市总体色彩的趋同和各类型建筑色彩的趋同。前者是指在不同地理气候条件下的全国各地城市在总体色彩风貌上无法呈现自己的特色；后者是指某一建筑类型在我国各地城市中使用的色彩趋同。例如，从哈尔滨到广州，不同城市在居住建筑的色彩上差异不大，多选用暖色、明快、中低艳度的色彩，中国传统民居富于地域特色的建筑色彩已成为历史。

2. 色彩地理学方法的困境

21 世纪初，色彩地理学进入我国，逐渐成为色彩规划和设计的主要理论和实践流派。需要指出的是，朗克洛及其团队的研究对象往往是有地域特征、历史悠久的村庄和小城镇，通过色彩调查法了解一个地区的代表性色彩，获得当地建筑色彩与地方材料、气候条件，以及地方文化传统、风俗习惯等的关系。具体的工作是对地方性色谱的采集、提取和归纳总结，即通过色彩收集、整理和分析，得出一个地区的建筑色彩库。后续可以此为基础，制订地方色彩保护措施，进行城市色彩的规划和设计。这种方法在仍保持着强烈地方特征的小城、小镇、村庄有很好的实践效果，但是随着城市规模的扩大，色彩地理学的应用遇到一系列的困难。

3. 用色卡管制城市色彩的误区

维尔纳·施皮尔曼教授在色彩设计时，将色卡管理纳入城市设计中。但由于城市设计并不是一项法定规划，即使在德国也没有实现广泛的应用。因此，在城市规划、设计和管理的精细化发展过程中，必须将色彩纳入城乡规划体系图中，通过法定程序保障色彩的"一张蓝图干到底"。当然，色彩的管控包括刚性和弹性两部分，在城市快速建设过程中，以刚性为主要手段，随着城市的发展成熟，城市小规模更新时，可以通过更加弹性的方式，增加城市的色彩活跃度。

对于设计方和施工方来说，如何找到符合城市色谱要求，同时也满足建筑设计构想的建筑材料是一个艰巨的任务。在很多情况下，虽然有具体的色彩规划与色彩样本，但经常会因为施工方的经验不足和疏忽，导致材质和色调使用不正确。与建筑师、施工方的交流，需要建立在真实的色彩样本的基础上进行。事实上，施工现场情况经常会偏离样本，需要一定的措施保证色彩偏离色谱的程度在可接受范围内，以确保城市环境整体色彩和谐，并且符合色彩规划所确定的方向，达到较为理想的效果。

在色彩这个空间要素上，城市建设各方面的专业是高度叠加的，规划师、建筑师、景观设计师、色彩设计师、规划管理者需要共同参与、共同推进，缺一不可。

　　城市色彩是人们脑海中最直接、最有冲击力的城市意象，突出的、协调的城市色彩可以提升城市的吸引力与美学价值。同时，城市色彩受到多种要素的影响，不同的地理位置、地理环境会形成独特的城市色彩。当代城市色彩的发展，不仅需要运用合理的方法总结、梳理已经成型的色彩现状，更重要的是伴随科技、人文和审美的不断发展，探索创新的施色方法和配色方式，以创造符合当代"时代精神"的"时代色彩"。

2

CHAPTER 2

第 2 章

雄安蓝图色彩意象

色彩赋予空间连续性，是场所形式的要素之一。

——埃德蒙·培根

安新县圈头乡非物质文化遗产"圈头音乐会"
王永康摄（2018 年 6 月 4 日）

通读《河北雄安新区规划纲要》和《河北雄安新区总体规划（2018—2035）》，给人最大的观感就是色彩感扑面而来：蓝绿交织、清新明亮、城淀共融；中华风范、淀泊风光、创新风尚。字里行间透露出"中华美色"。因此，中国色成为创造雄安色彩的出发点和起始点。雄安的核心是白洋淀，白洋淀的水色与波光、淀上的苇子与荷花、淀水间摇曳的鱼鹰船，以及淀边的田、水、路、林、村，最具淀泊风光。收录雄安新区色彩是相对容易的，受惠于自然的馈赠和人类的选择，雄安处处活色生香；创造雄安新的色彩却是不容易的，我们今天应该做出什么样的选择，才能不负"千年之城"的使命，千年之后的人们又将如何评价我们今天的选择？

2.1
雄安新区规划理念和思想

《河北雄安新区规划纲要》《河北雄安新区总体规划（2018—2035 年）》等一系列规划为雄安新区的发展定位和发展思路指明了方向；编制《河北雄安新区起步区控制性规划》《河北雄安新区启动区控制性详细规划》等则为雄安美好愿景的落实探索了可行之路。

雄安新区城市色彩规划和管理的目标，是要将新区组团化的整体结构进行视觉锚固，从宏观的远眺视角，将城市和镇村嵌入蓝绿空间之中，消隐在乡野绿园里；从中观的环视视角，运用色彩原理，将廊道、边界、节点、标志和区域的色彩秩序纳入空间管制要素内；从微观项目层面，提供可落实的色彩方案。

1. 千年大计背景下的宏观叙事

《规划纲要》的批复，为雄安新区的发展指引了明确方向：发展成为绿色生态宜居新城区、创新驱动发展引领区、协调发展示范区和开放发展先行区。《总体规划》及《国务院关于河北雄安新区总体规划（2018—2035 年）的批复》中明确划定了雄安新区生态保护红线、永久基本农田、城镇开发边界三条控制线，让雄安新区的开发始终保持一个合理、科学的"度"，开发程度与资源环境承载能力相适应。

新区的建设并不是一蹴而就的，各项城市功能也是随着城市的发展和人口的增长动态调节，逐步稳固完善。根据《规划纲要》，到 2035 年，雄安新区要成为绿色低碳、信息智能、宜居宜业、具有较强竞争力和影响力、人与自然和谐共生的高水平现代化城市。届时，雄安的城市功能完善，新区交通网络便捷高效，现代化基础设施系统完备，高端高新产业引领发展，优质公共服务体系基本形成，白洋淀生态环境根本改善，有效承接北京非首都功能，对外开放水平和国际影响力不断提高，实现城市治理能力和社会管理现代化。雄安将成为现代化经济体系的新引擎，生态防洪堤将全面建成，也将成为雄安向世人展示城市发展样板的重要窗口。

到 21 世纪中叶，雄安将成为高质量高水平的社会主义现代化城市，成为京津冀世界级城市群的重要一极。集中承接北京非首都功能成效显著，为解决"大城市病"问题提供中国方案。新区各项经济社会发展指标达到国际领先水平，治理体系和治理能力实现现代化，成为新时代高质量发展的全国样板，彰显中国特色社会主义制度优越性，努力建设人类发展史上的典范城市，为实现中华民族伟大复兴贡献力量。以城乡统筹、均衡发展、宜居宜业为出发点，雄安新区将形成"一主、五辅、多节点"的新区城乡空间布局（图 2-1）。"一主"即起步区，选择容城、安新两县交界区域作为起步区，是新区未来的主城区，按组团式布局，先行启动建设。"五辅"即雄县、容城、安新县城及寨里、昝岗五个外围组团，全面提质扩容雄县、容城两个县城，优化调整安新县城，建设寨里、昝岗两个组团，与起步区之间建设生态隔离带。"多节点"即若干特色小城镇和美丽乡村，实行分类特色发展，划定特色小城镇开发边界，严禁大规模开发房地产。

2. 面向实施的中观层面规划

起步区是雄安新区的主城区（图 2-2）。根据《河北雄安新区起步区控制性规划》，起步区肩负着承接北京非首都功能疏解的时代重任，承担着创造"雄安质量"、培育建设现代化经济体系新引擎的历史使命，在深化改革、扩大开放、创新发展、城市治理、公共服务等方面发挥先行先试和示范引领作用。

起步区总体空间格局传承中华营城理念，借鉴当代城市规划建设经验，创新未来城市发展模式，顺应自然、尊重规律、平原建城，综合考虑地形地貌、水文条件、生态环境等因素，充分利用北高南低的现状地形，随形就势、精巧布局，形成"北城、中苑、南淀"的总体空间格局。

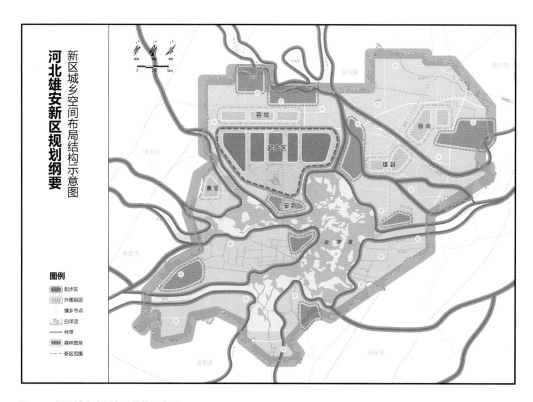

图 2-1 新区城乡空间布局结构示意图
资料来源：《河北雄安新区规划纲要》

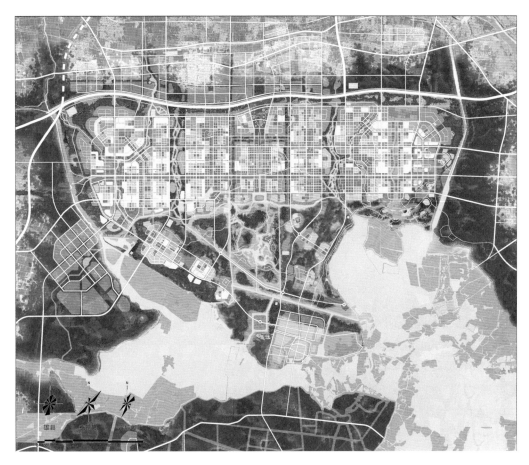

图 2-2　起步区功能用地布局规划图
资料来源：《河北雄安新区起步区控制性规划》

起步区整体城市风貌坚持中西合璧、以中为主、古今交融，弘扬中华优秀传统文化，传承中华文化基因，彰显地域文化特色，强调"礼序营城"的对称感、风貌整体性和文脉延续性，形成中华风范、淀泊风光、创新风尚的城市风貌。

　　按照功能相对完整、空间疏密有度的理念，起步区规划布局五个尺度适宜、环境宜人、风貌协调、职住均衡的紧凑组团。第一组团依托现状蓝绿空间，结合城际站点，集聚科技创新、高等教育、医疗服务等重点功能，突出创新环境营造，构建起步区创新高地；第二组团结合城市滨水景观，营造景色宜人、尺度亲切的城市空间，重点布局行政管理、市民服务和体育休闲功能，提升便民服务水平，打造宜居生活环境，展现人们安居乐业的幸福图景；第三组团突出历史文化生态，传承中华传统营城理念，沿城市南北中轴线布置大型公共文化服务设施，融合南河干渠、大溵古淀等蓝绿空间，构建方城规整、两轴交汇的城市空间；第四组团以京雄城际枢纽站点为核心，强化生态绿廊景观营造，集聚企业总部，承载近期疏解项目落地，完善公共服务设施配套，成为启动区实施建设的重要组成部分；第五组团依托启动区建设，发挥临淀优势，保护和利用南阳遗址文化资源，汇集国际创新要素，布局"金融岛"，营造滨水景观，培育文化艺术氛围，承担现代金融、国际交往和创新功能，打造传承历史、开放创新、景色秀美的起步区活力门户。

    启动区是雄安新区率先建设区域。根据《河北雄安新区启动区控制性详细规划》，启动区承担首批北京非首都功能疏解项目落地、高端创新要素集聚、高质量发展引领、新区雏形展现的重任。启动区以"生息之城，生生不息"为发展愿景，顺应自然，随形就势，平原建城，形成以"一湾四带"为骨架、蓝绿交织、灵动自然、城绿融合为特征的生态空间格局，统筹生产、生态、生活和各类自然要素，强化城市与自然融合发展，营造城在绿中、人在园中的空间环境。启动区南侧紧临烧车淀，规划云麓度假休闲主题小镇，沿堤形成游船码头和高端精品酒店集群，享有城淀辉映的最佳风景，为商务休闲和非正式洽谈、聚会和会议等需求，提供优美、安静而有高品质体验的环境。景观为轻商务度假提供场所。微地形和森林创造了安静的分隔，让多种俱乐部活动拥有各自的空间。这些俱乐部以皮划艇、森林冥想、露营、室外聚会酒会等活动为主题。山不在高、水不在深，森林湿地、观星山丘、漫步花境景观将创造自然体验。

3. 技术标准与管理平台保障规划实施

    《雄安新区规划技术指南》坚持纵向全贯通、横向全覆盖的空间资源配置原则，衔接数字规划建设管理要求，研究控制性详细规划编制各流程环节成果规范要求，明确成果的各项内容、深度以及表达形式，为新区控制性详细规划编制提供依据和指导，包括起步区、外围组团、特色小城镇等城镇建设地区，以及美丽乡村、淀水林田草等郊野地区和淀泊地区。其中，城镇建设地区参照城镇单元控制性详细规划编制成果规范，淀区参照淀泊单元控制性详细规划编制成果规范，郊野地区参照郊野单元控制性详细规划编制成果规范。

    雄安新区规划建设 BIM 管理平台是以数字雄安建设和政府管理需求为导向，以雄安新区规划建设管理工作为范围的应用标准，满足新区多规合一、系统集成、数字智能的要求，聚焦城市规划、建设和管理的核心指标，并与空间要素紧密结合，提升城乡规划与工程设计和实施的实现程度，规范新区规划建设项目的编制和交付，确保规划、设计、施工、运维和管理数据的互通和共享。

2.2
雄安新区色彩现状特征

1.白洋淀地区的自然环境色

大地、河流、淀泊、植物等色彩产生"通常记忆"，是把握地域色彩的关键所在。白洋淀九河下梢、蓝绿交织、水草丰茂、北国水乡的色彩印象，是创造雄安色彩的逻辑起点（图 2-3）。夏季是最能代表白洋淀色彩的季节，静谧的淀水上铺满碧叶和鲜艳的花朵，呈现出一种"白水青莎，质朴清新"的自然景观色彩印象。

植物占自然环境色的比重最高，用植物的年际变化可以大致描述一个地区自然环境色的特征。植物随着四季循环，会产生引人注目的色彩变化。一年四季，四时景色不同，春季青芦吐翠，夏季百里荷香，秋季淀水汪洋，冬季坚冰四野。

将四季的自然环境色进行色彩抽象（图 2-4），明度的变化并不大，保持在中等明度 4.7 ～ 6.1。从主导色相上看，春季为偏黄的黄绿色（6.5GY），夏季为偏绿的黄绿色（8.5GY），秋季为接近橙色的黄（0.5Y），冬季为更接近橙色的黄（0.1Y），当然这些色相的数值会随着年份不同、测量地区的不同略有差异。从艳度上看，春季的艳度最高，达到 9.3 ～ 9.5，随着时间的推移，艳度逐渐降低，由于雄安地区常绿树种比较少，秋冬季节的艳度大约在 1.4 ～ 2.5，给人朴素、冷寂的色彩感受。因此在城市色彩的配色中，不宜选取高纯度的色彩，应避免春夏季与自然环境"争艳"；更应避免与秋冬季季节的自然环境艳度反差超过 2 级及以上，带来视觉上的不适。

图 2-3　四季的色彩

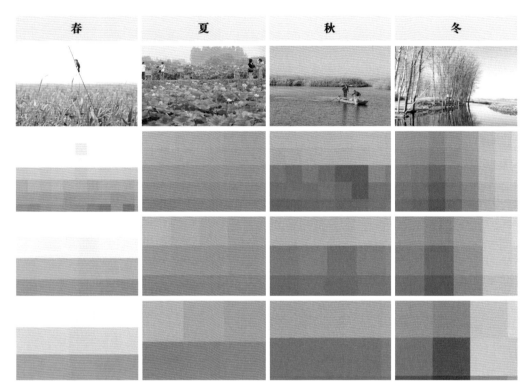

图 2-4　四季变化的自然环境色

2. 雄安地区的人工环境色

　　建筑色彩是最能反映城市色彩形象的载体，一方面受自然环境影响，另一方面反映历史文脉和传统文化。雄安地区的人工环境色包括多种烧砖色形成的基调色以及水青色的点缀色等。

烧砖色形成的传统基调色

　　雄安地区的本土建筑多使用地方材质，例如砖、木、芦苇、土坯等建筑材料。尤其是烧砖，在当地被普遍用作建筑材料。烧砖是一种时间镌刻的建材，打造出雄安新区独特的面貌。

　　烧砖在世界上大多数国家都作为传统建材使用，是一种历史悠久的建筑材料。烧砖以当地采集的土为原料，配合当地的气候、风土，根据当地烧砖匠人的烧制习惯，砖块的大小和堆砌方式呈现出地方特点。烧砖多孔的材质具有吸收水分的特性，所以砖块经年累月的变化肉眼可见。与质地均匀的现代建材不同，运用肉眼能够判断出岁月变化的烧砖，意味着建筑物会成为讲述地域记忆和历史的线索，成为城市赋予时间印记的重要因素。

　　雄安新区的烧砖呈现出从暖色系的灰到弱红色，具有阶段性的变化。由此可论，烧砖是取材于雄安当地的原材料，它形成于当地生产水平和生产工艺，最好地体现了当地传统文化，也影响了当地人们的审美情趣。

　　在年代已久的老建筑中所看到的灰砖大多来源于紧邻雄安新区南侧边界的任丘，砖块的体积比现在常见的红砖稍微大一些，色相位于 10YR—5Y（红黄与红色）之间；明度范围为

4.0 ～ 7.0；艳度为 0.3 ～ 1.0（图 2-5）。灰砖并不是无彩色，而是泛着偏黄的红黄色，色相和艳度变化区间很小，偶尔能看到艳度稍微偏高的砖，但明度的变化却比较大，形成典型色相调和效果。这种略带暖色的灰色与蓝绿和蓝色的门窗进行组合，活泼且雅致，是白洋淀地区典型而独特的施色特征。

1949 年后，建筑更多采用标准化的红色烧砖。在雄安新区年代已久的老建筑上所看到的红砖的色调是以以下色彩范围为中心的颜色：色相是 2.5YR—7.5YR（红黄色）；明度是 4.0 ～ 7.0；艳度是 2.0 ～ 4.0（图 2-6）。与一般的红砖相比，略微明亮一些，并靠近黄色，与自然土壤、石头等所具有的色相相近。相对一般红砖的厚重感，雄安红砖更具柔和、自然的特征，在自然环境的映衬下，产生弱对比的效果，显得更为稳重。

图 2-5　灰砖基调色

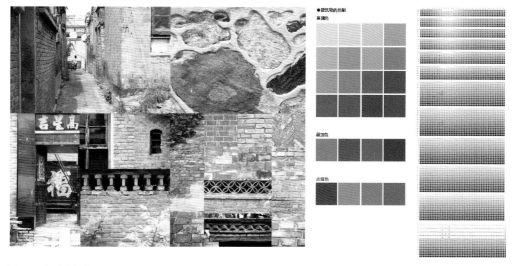

图 2-6　红砖基调色

以"水色"为灵感的点缀色

雄安新区传统民居中，木制门多见的冷色系色调，也作为传统色留在众多当地人的记忆中。常见的色相是 5G—7.5BG（绿和蓝绿色）；明度 3.0 ～ 5.0；艳度 3.0 ～ 5.0（图 2-7）。BG 和 B（蓝绿和蓝色）色系等冷色系的色调让人联想到自然的绿色、水、天空，带有清爽的印象，让沉稳大气的暗灰色烧砖打造的街景更加具有变化感，让人印象深刻。

中艳度的冷色系色群，与略带色感的暗灰色形成的对比，沉稳大气，色相的变化让其作为点缀色的功能恰到好处。涂装的色彩经过时间的变化已经失去艳丽度，逐渐露出木材的底色隐约可见。这种颜色与烧砖类似，是时间融入建筑材料后展现出的色彩，有一种现代建材表现不出来的独有韵味。

在雄安新区，为与暗灰色的烧砖形成对比，运用 G—BG（蓝绿和蓝色）色系的点缀色，给人以深刻印象，形成了完美的和谐共处。要继承这些本地固有的、有特征的用色和建筑素材，将它们融入新街区和建筑物的设计中，打造与其他城市不同的雄安新区色彩。

统一而丰富的基调色

雄安新区的民居以情感丰富的烧砖色作为基调色，与冷色系的点缀色形成组合，打造出极具淀区特色的配色景观（图 2-8）。提取现状色彩，分析当地的配色逻辑，可以作为创造雄安未来城市色彩的思考起点。

研究当地色彩的规律，是总结人们在白洋淀边千年演进过程中，形成的色彩习惯、喜好和审美，以及对色彩对比、调和及连续性的容忍程度。从前文的分析可以看到（图 2-9），雄安地区的人们大概率地选择 2.5YR—5Y（红黄和黄色）的色相作为基调色，也就是说，民居的暖色系处在橙色的区间内。事实表明，即使使用一种色相，仍然可以塑造丰富的色彩基调。雄安

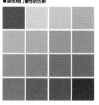
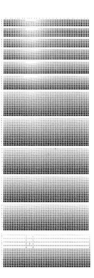

图 2-7　典型的点缀色

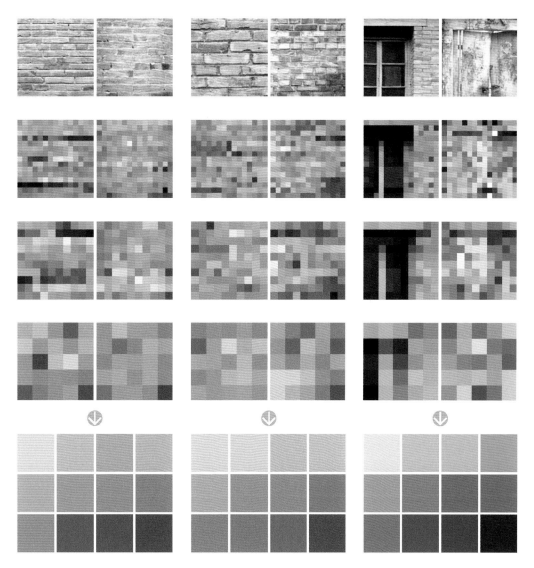

图 2-8　富有变化的人文环境色

地区色彩的明度跨度非常大，从低明度（1.5）到中明度（6.0）都非常常见，且各个数值的明度的分布基本均质，说明雄安本地人对灰度的辨别能力细致入微；相比明度，艳度的差异度就小得多，基本分布在 1.5 ～ 3.0，其中 2.0 ～ 3.0 用在辅助色中相对概率更高一些。相比艳度的调节，当地人们更偏好运用明度区分色彩的辨识度。

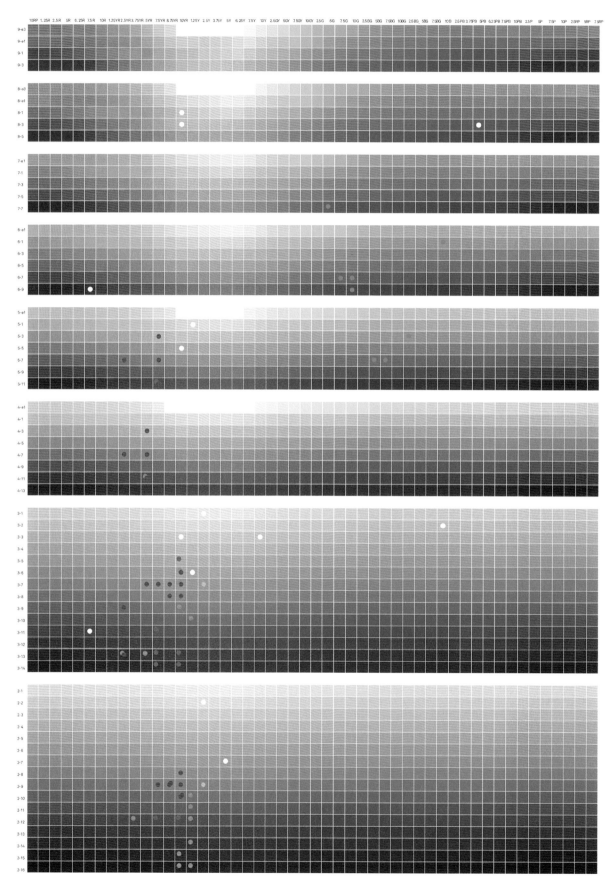

图 2-9　雄安地区自然环境色和人工环境色在 NOCS 色卡上的分布

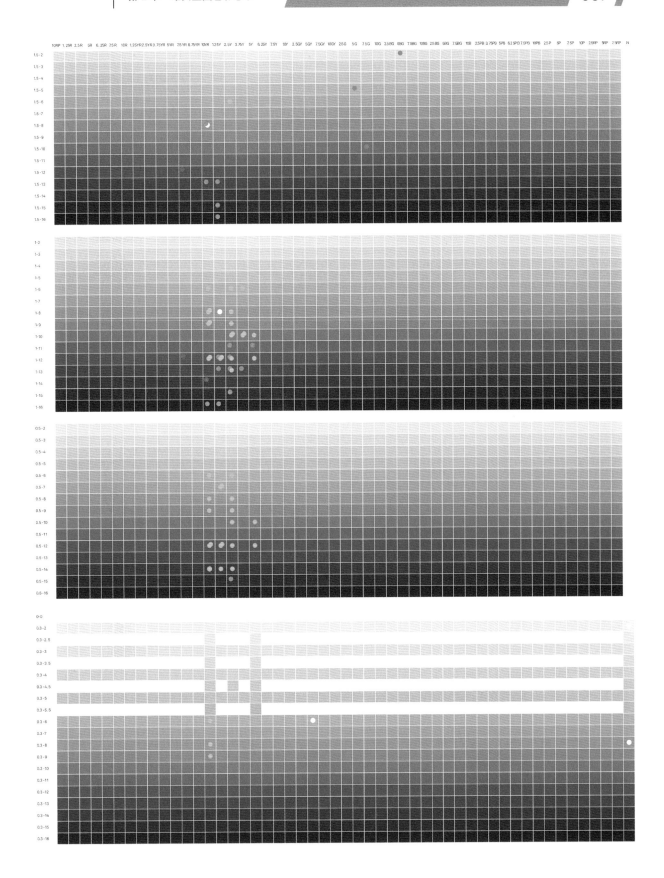

● 灰烧砖色　● 红烧砖色　● 石头的色彩　● 土的色彩　● 窗框的色彩　○ 地区内建筑物的基调色

2.3
中国传统城市色彩演进

1. 中国传统文化的色彩表征

中国幅员辽阔，自然条件和民族文化多样，决定了城市环境色彩的复杂性和多样性。自然环境的复杂多样，促使各民族为适应大自然并有效利用自然条件而做出努力。在建筑色彩方面，体现在采用木、砖、土等材料，使得建筑色彩来源于自然，与自然环境色完美结合，实现了人工环境与自然环境的高度融合。因此，建筑史学家潘谷西先生认为："中国建筑有一种与环境融为一体的、如同从土地中'长出来'的气质。"

中国传统城市也深受传统文化影响，中华五色是天地秩序的彩衣。中国传统色彩的重要特征是"明贵贱，辨等级"。儒家思想把中华五色以"礼"的形式加以规范，色彩有了等级之分，在色彩应用上结合色彩特性和象征性，金、朱、黄色最尊贵，因此在彩绘中只能用于帝王贵族象征皇权的建筑；青色和绿色次之，用于文武百官的宅第；灰、黑色用于普通百姓的房屋建筑。

以礼分色

中国传统城市色彩研究中，出现频率最高的是"秩序"——"秩"是规则，"序"是次第。古代把颜色分为正色和间色两种。正色是指青、赤、黄、白、黑五种纯正的颜色；间色是指绀（红青色）、红（浅红色）、缥（淡青色）、紫、流黄（褐黄色）五种由正色混合而成的颜色；其他色彩为杂色。五色所以被定为正色，并象征尊贵和权威，显然是古人从色彩混合实践中发现，唯五色青、赤、黄、白、黑是色彩最基本的元素，是最纯正的颜色，任何色彩相混都不可能得到五色，然而五色相混却可得到丰富的间色。在绚丽多彩的世界中，唯五色独尊，五色为本源之色。正色与间色的区分，不仅服务于当时的礼制，更重要的是揭示了色彩科学的基本规律，并奠定了中国古代五色体系和美学思想的基础。

五正色与"五方""五行""五德""五味""五声"等传统秩序是一一对应的。"五行"中的"木、火、土、金、水"分别对应"青、赤、黄、白、黑"。正色与"四季"的对应中，青色象征春季，指青龙；赤色象征夏季，指朱雀；白色象征秋季，指白虎；黑色象征冬季，指玄武。正色与"方位"的对应中，东方谓之青，南方谓之赤，西方谓之白，北方谓之黑。天谓之玄，地谓之黄。

一环生万色

中国的"五行"关系是一个美妙的环，五行生克，没有始，也没有终。如果仔细分析五正色，不难发现，青、赤、黄非常近似色彩学中的三原色，白与黑可以调节明度，所以理论上，五色可以生成有规律的颜色序列，五行色彩将万色囊括其中（图 2-10）。

根据《中国传统色图鉴》和《中国传统色色卡》，中国人对于红、黄两色的认知和分辨，较其他色彩更为丰富。从不同的艳度和明度，都可以加以微妙的界定——茶花红、高粱红、满江红、鼠鼻红、合欢红、春梅红、苋菜红等，又或者从不同的物质感受加以拓展——橙皮黄、莱阳梨黄、枇杷黄、金叶黄、苍黄、浅橘橙等（图 2-11），包括"粉墙黛瓦"的粉白，在纯白中赋予了一点点的橙的暖意。

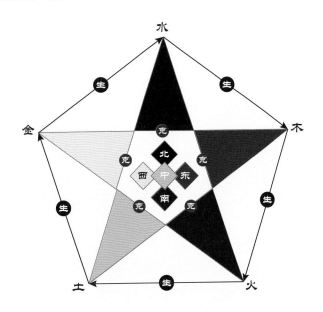

图 2-10　五色与五行

茶花红	高粱红	满江红	鼠鼻红	合欢红	春梅红	苋菜红
EE3F4D	C02C38	A7535A	E3B4B8	F0A1A8	F1939C	A61B29

橙皮黄	莱阳梨黄	琵琶黄	金叶黄	苍黄		淡橘橙
FCA104	815F25	FCA106	FFA60F	806332	FBF2E3	FBA414

图 2-11　中国传统色示例

相比暖色，中国传统色中的黑、蓝系色彩相对少一些，但足以表达冷色中细微的变化，如青中带黑的螺黛色、发蓝的玄青色、黑中带黄的黧色和黑中略带红的缁色。又如蓝色系列中深而澄如湖水和天空的称碧蓝，浅而白称粉蓝，色泽明亮称为绀青色，此外还有神秘的孔雀蓝、调子略暗的灰蓝、江水般的苍青色以及鸦青、藏蓝、宝蓝等。

2.历史中的传统城市色彩

中国历代的政治中心大都在北方，故北方的城市色彩更多受"礼"的约束和规范，城市色彩体现着社会规范，体现着社会的等级、秩序。传统色彩观对城市色彩选择是逐步渗透的，认为色彩是用来明礼的，为了体现出差别，正式建筑逐步从城市建筑群中分离出来，由最初材料本身的素淡之色向重彩的方向发展。我国的传统建筑按礼制可以分为正式建筑和杂式建筑。

宫殿、佛寺、道观、文庙、武庙、陵墓、官衙这些类型的建筑都属于正式建筑（官式建筑）。只有宫殿、坛庙和府第建筑，才能使用金碧辉煌的色彩，特别是到宋、金以后，宫殿用白石作台基，墙、柱、门、窗用红色，屋顶用黄、绿、蓝各色的琉璃瓦，在檐下用蓝、绿相配的冷色和金碧辉煌的彩画，色彩的鲜明对比，创造了一种富丽堂皇的艺术效果。杂式建筑主要指传统民居。一般民众所使用的建筑基本是就地取材，建筑所用的砖、瓦、灰、沙、石均采自当地，建筑色彩保留了材料的本色，以土黄色（明代以前建筑的墙体基本为夯土版筑的土墙）和灰色系为主。

隋唐以前

隋唐以前城市建筑群极少施色，官方对城市建筑色彩的相关限制少，且不严格。这一时期的城市色彩比较简单，不论是宫殿建筑群还是民居建筑群的基调色都是一样的，即白墙青瓦，没有等级贵贱之分。唯一能够以色明礼的是柱的色泽，高等级的建筑柱子涂红色，但这一规定并不严格，民间也有部分建筑的柱子是红的。

隋唐至元代

唐代建筑划归礼部管理，城市建筑色彩的社会功能开始凸显，正式建筑用色向"重彩"方向靠拢。宋代出现了"非宫室寺观，不得彩画栋宇及其黔其梁柱窗户雕柱础"的规定。

这一时期的北方城市色彩迅猛发展，向"明礼""重彩"的方向迈进。这一时期柱子、屋瓦的色彩已经能大致表明使用者的尊卑贵贱。自唐代开始城市色彩逐渐丰富，至元代仅琉璃瓦就有黄、绿、蓝、黑等色，宋时的柱子不再满足于通刷红而代以柱子彩画，部分宫殿、佛寺的墙面大面积涂刷红浆、黄浆。总体说来这一时期用色比隋唐以前更丰富，有了彰显五彩的趋势。

以唐长安城为例，城市主色调为土黄色、灰色，辅助色调为黑色、红色、白色；其中土黄色是夯土城墙、坊墙色彩；黑色、灰色是建筑第五立面的屋瓦颜色；红色是宫殿、官员宅邸、佛寺道观建筑群的木构件部分色彩；白色是建筑的墙体色彩（图2-12）。

图 2-12　西安永宁门

明清时期

　　明代一品官至五品官的住宅，梁柱间许用青碧彩绘；六品官至九品官住宅，梁柱间不许施彩绘，只能用黄土刷漆；庶民所居房屋更不准许彩绘。到了清代，《清工部工程做法则例》中规定了建筑各部的做法和装饰彩画的等级，所有的工程都必须严格遵守。

　　中国北方城市建筑群的施色愈到封建社会后期愈严格、完善、复杂，至明清时期发展至顶峰。封建社会早期城市建筑群只是在局部的建筑构件上用色有所区别，明清时期正式建筑高度标准化、定型化，将城市建筑分为若干等，对各等级建筑的施色有明确而细致的规定，大到屋面、墙面、台基、木构件用色，小到吻兽，大门的门钉、门环等的用色。在建筑营建时，只需按照阶级地位选择相应的标准对号入座。

　　平遥古城的城市色彩呈现出高度的秩序感，全城的色彩基调是无彩色的灰色，由大量的民居建筑群色彩构成，色彩上略显呆板。城市的色彩在绝对统一的大背景下，只是在极少量的局部区域出现色彩变化，零星地点缀着绿色、黄色，主要是古城宗教、礼制性建筑群中主体建筑的色彩。

　　明清北京城的城市主色调为灰色，辅助色调为黄色、红色、绿色。这一时期北京的城市色彩呈现出明显的二元结构，高明度、高艳度的色彩与中明度、低艳度的色彩相互穿插。

　　高明度、高艳度用色以故宫为首。故宫建筑群用色，秉承了古代传统的"五色观"，色彩基调以黄、红为主。在五色中，黄、红两色的明度和亮度都较显著，色彩效果相对强烈。黄色在五色中属至高无上的颜色，代表皇家的高贵、权威，给人敬畏感和壮丽的视觉效果。红色在传统观念中是吉祥、喜庆的颜色，寓意着美满、富贵。为了展现皇家气魄，工匠们在着色中运用冷暖对比和补色对比的手法。除了主体黄顶红墙的暖色调外，又在檐下阴影部分绘上青绿彩画。除此之外，故宫室内外大量使用灰色铺砖，与耸立在其上的汉白玉石栏杆和台基构成了自然得体的黑白对比，共同烘托着五彩斑斓的建筑实体。总体来看，故宫建筑群多运用高明度、高艳度的颜色，并运用对比色、互补色，以及各色渐变进行调和，整体上色彩鲜明、对比强烈又不失和谐，在美学上达到了统一性与多样性的完美结合。

从宫苑到民居，城市色彩逐渐过渡到中明度、低艳度。明清时期北京典型民居即为古典而朴素的四合院。作为四合院主色调的灰色，灰墙、灰瓦都是建筑材料原色，由于封建等级制度的规定，普通民居不可用琉璃瓦，也不可用红墙，故保留建筑灰色。为打破灰度色彩的视觉疲劳，在门、窗、柱子上饰以鲜明的朱红色，再利用院内植被等点缀调和，植物随四季变换不同色彩，丰富了相对单一的建筑色彩。

即使在今天的鸟瞰照片上（图2-14），依然能够感受到"彩"的正式建筑和"灰"的民居建筑，以及两者之间清晰的色彩边界。可见，色彩在城市秩序的营造上可以产生悠远、绵长、深厚的影响。

图 2-13　平遥古城鸟瞰

图 2-14　故宫及周边地区鸟瞰

雄安新区自然环境质朴清新，色彩主要是在中明度、高艳度区间。相对而言，雄安新区的人工环境则是稳重素净，处于高明度、低艳度区间。淀区人民对色彩的选择受到白洋淀的影响，灰砖和红砖形成的基调色显现当地人的"集体记忆"，也是中国传统色在民居中的深刻烙印，略带黄色的灰与红，包裹在变化丰富的明度和艳度外衣下，形成了"千姿百态"的灰和"沉稳安静"的红。淀水在中等光亮的天光下折射出的水蓝色，被用作点缀色，突显淀区人民对蓝绿色彩的敏感度，这是与华北地区其他民居截然不同的色彩选择，也是留给雄安新区规划师和设计师的宝贵财富。

3

CHAPTER 3

第 3 章

遵循礼序营城色彩原则

传统并不只是我们继承得来的一宗现成之物，而是我们自己把它生产出来的，因为我们理解着传统的进展，并且参与在传统的进展之中，从而也就靠我们自己进一步地规定了传统。

——汉斯 - 乔治·伽达默尔

站在特定的地域、气候、习俗、文化等因素的交汇点上来考察色彩的呈现，不难发现，色彩由于生态环境和文化氛围而产生不同的组合方式。在人与自然、人与历史共造的环境之中，人们对造物形式的认定和择取是有其独特方式的。它是自然物质供给和传统文化习惯共同作用的结果，从而形成了此地而非彼地的特征。尽管现代文明使这种外在的特征大大地淡化了，但是那种潜在的连接因素却是难以割断的，哪怕是在现代文明造物巅峰的大城市中。

3.1
从城市风貌特征推演色彩愿景

一座城市所在的地理位置大致决定了城市色彩取向。与雄安新区区位相似的世界主要超大城市，如伦敦、纽约、东京、巴黎等，都位于北纬 35°～ 50°的滨水地区，中等光亮的天光、相对温润潮湿的天气、丰沛充盈的水体，都对这些城市的城市色彩产生了重要影响。中等强度的天光投射在城市空间中，带来了富有变化的明暗效果；在清润的水边、在氤氲的空气中，色彩产生了晕染的效果。因此这一纬度上的大城市都具有低艳度和中高明度的城市色彩特征。

规划建设中的雄安新区逐渐呈现城淀交融、蓝绿交织、清新明亮的总体城市印象；城市风貌秉承中西合璧、以中为主的特征；城市色彩体现中华风范、淀泊风光、创新风尚，展现"水天灵色、多彩匀宜"的色彩印象（图 3-1）。"水天灵色"主要体现在坚持生态优先、蓝绿空间占比稳定在 70%，雄安新区的城市色彩应与自然环境充分融合共存；"多彩均宜"是以中国传统色为基调，建构"全色相、低艳度、高明度"的色彩总基调。城市色彩传承中华文化基因，保护弘扬中华优秀文化，展现中华传统经典建筑色彩，彰显地域文化特色，体现文明包容。因此，雄安新区色彩规划目标具有以下三个维度。

一是塑造城市定位，雄安的城市建设必须坚持世界眼光、国际标准、中国特色、高点定位，色彩设计也应体现这样的城市定位，塑造新时代的城市特色风貌，打造城市建设的典范。二是提升城市认同感，通过色彩展现城市性格、传递城市精神，通过对城市色彩的引导，提升人们对雄安城市精神的认同感；三是建立规划管控体系，针对雄安新区构建科学合理与公众认可并重、弹性与刚性并举、近期与远期相结合的规划管控措施。

雄安新区的城市色彩凸显新时代城市风貌及其内在的空间色彩意象表达。千年大计，显现中华风范、经典耐看。雄安新区应注重中西合璧和古今交融，建构经典的雄安色彩基调，彰显中华风范。体现社会认同，提升民众在城市色彩中的认可程度。礼序营城，显现中国色彩、礼法秩序。

雄安新区城市色彩应体现传统的营城礼法，在传统基础上进行现代的演绎。以较低艳度和中高明度的基本调性下，不断优化色彩品质，显化雄安新区端庄大气的城市气质。华北水乡，体现蓝绿交融、城淀共生。水是雄安的魂，加强雄安新区的城市色彩与自然的契合度与协调性才是可持续的。中国画卷，坚持中西合璧、以中为主。层次分明的暖色调，体现雄安新区优雅温暖的历史传承；简洁时尚的蓝灰调，呈现近现代雄安新区的创业勇气。色彩的拼贴，展现雄安新区中西合璧的包容，以中为主让雄安新区更有温度，始终充满生机活力。

图 3-1　雄安新区整体色彩印象

3.2
传统文化下城市色彩基本取向

将雄安新区分析调研形成的色彩库，整合环境色彩调和型配色方法，综合中国传统色和NOCS 色卡，获得雄安新区的基调色。

城市的基调色主要是由城市建筑公共界面的立面色彩构成的，基调色从调研测到的色彩中提取。按照"色相调和型""类似色调调和型"和"色调调和型"三种调和类型，在城市建筑物中充分展开配色，就可以在色彩上取得调和，打造出有适度变化的良好的城市景观。随着观察视角放低，城市景观色彩和公共设施的色彩影响力逐渐增大。在考虑环境色彩调和型配色基础上，从中国传统色和雄安本土固有色中抽取雄安新区的点缀色。

1. 城市基调色的提取

以灰色烧砖为基调色

调研中抽取的民居外墙和墙块上使用的灰色烧砖（图 3-2），是雄安新区的传统建材，属于传统色。特别是灰色烧砖色的色相10YR － 5Y，艳度在 2 以下分布。烧砖色中带有自然的色差，色相明度、艳度都有细微差异，从中抽取出 3 个最具代表性的色彩，作为色彩演绎逻辑基础。

从红砖色中提取 10YR 系其他色彩

进一步从红砖色中选择 10YR 系色彩（图3-3），以一定的明度和艳度为间隔，小间隔、小刻度地提取色彩，打造出丰富的色彩组合。通过将灰色烧砖色与这些10YR 系的色彩组合，构成了 10YR 系的"色相调和型配色"。

图 3-2 灰色烧砖

图 3-3　红色烧砖

根据烧砖色的色相区间选定暖色系的其他色相

根据调研所得的色相差值区间，选取 10YR 的近似色 5YR 和 5Y，作为类似色调和的补充，丰富色相选择，同时又不会因为色相对比过于强烈，让城市风貌显得杂乱。

选择与烧砖色同色调的其他色相

通过提取与灰色烧砖和红色烧砖同色调的其他色相，使得构建色调调和型配色的色彩体系成为可能。

2. 城市基调色的构成

雄安新区的色彩基底构建总体强调"整体性"。色相以暖色调为主基调，从中国五正色、五间色以及雄安地方传统色彩进行提炼，形成"5YR—10YR—5Y"为基调色色相区间。在此基础上，增加三个冷色色相的点缀色，形成丰富的雄安新区推荐色色相区间（图 3-4）。

色调是由明度和艳度共同决定的。雄安新区的推荐色分为四个色调分区，分别为"浅一 / 中一 / 深一""浅二 / 中二 / 深二""中三 / 深三"与"彩"。色调分区一"浅一 / 中一 / 深一"

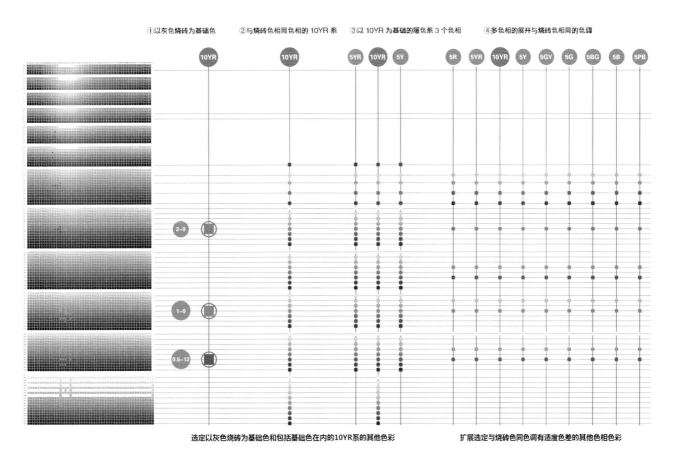

图 3-4　基调色的推演步骤

是四个分区中艳度最低的分区，艳度小于 1.0，来源于灰砖色色彩印象，其中还包含六个无彩色。低艳度、中高明度最适合营造优雅稳定的城市色彩基调，因此这部分的色彩设置特别丰富："浅一"的明度不小于 8.0；"中一"为 5.0～8.0；"深一"为 2.0～4.9，既可用于基调色，又可用于辅助色。色调分区二"浅二 / 中二 / 深二"的艳度为 1.5～2.0，色彩印象来源于红砖色："浅二"的明度为 7.0～8.0，"中二"为 5.0～6.0，"深二"为 2.0～5.0，可用于基调色、辅助色、点缀色和屋顶色的选用。色调分区三"中三 / 深三"的艳度为 2.6～4.1，"中三"的明度为 5.0～7.0，"深三"为 2.0～4.0，可用于辅助色、点缀色和屋顶色的选用。色彩分区四为彩色分区"彩"，选自中国传统深色，艳度大于 10，明度 2.0～6.0，高艳度色仅限于点缀色的选用（图 3-5）。

城市色彩的选色是允许有一定的误差阈值的，色相的误差一般设定在 1.25 左右。因此，未来雄安的城市色彩并非必须要在推荐色里面进行机械地选择。我们今天的工作，是为了奠定城市建设初期的色彩基调，推荐一些符合城市功能和地域特色的色彩，尽量使城市色彩保持较高的品质。随着城市发展的逐渐成熟，城市色彩可以在未来的"色彩现状"基础上，进行以色彩调和为目的管控，在协调感的基础上增加色彩的丰富程度。

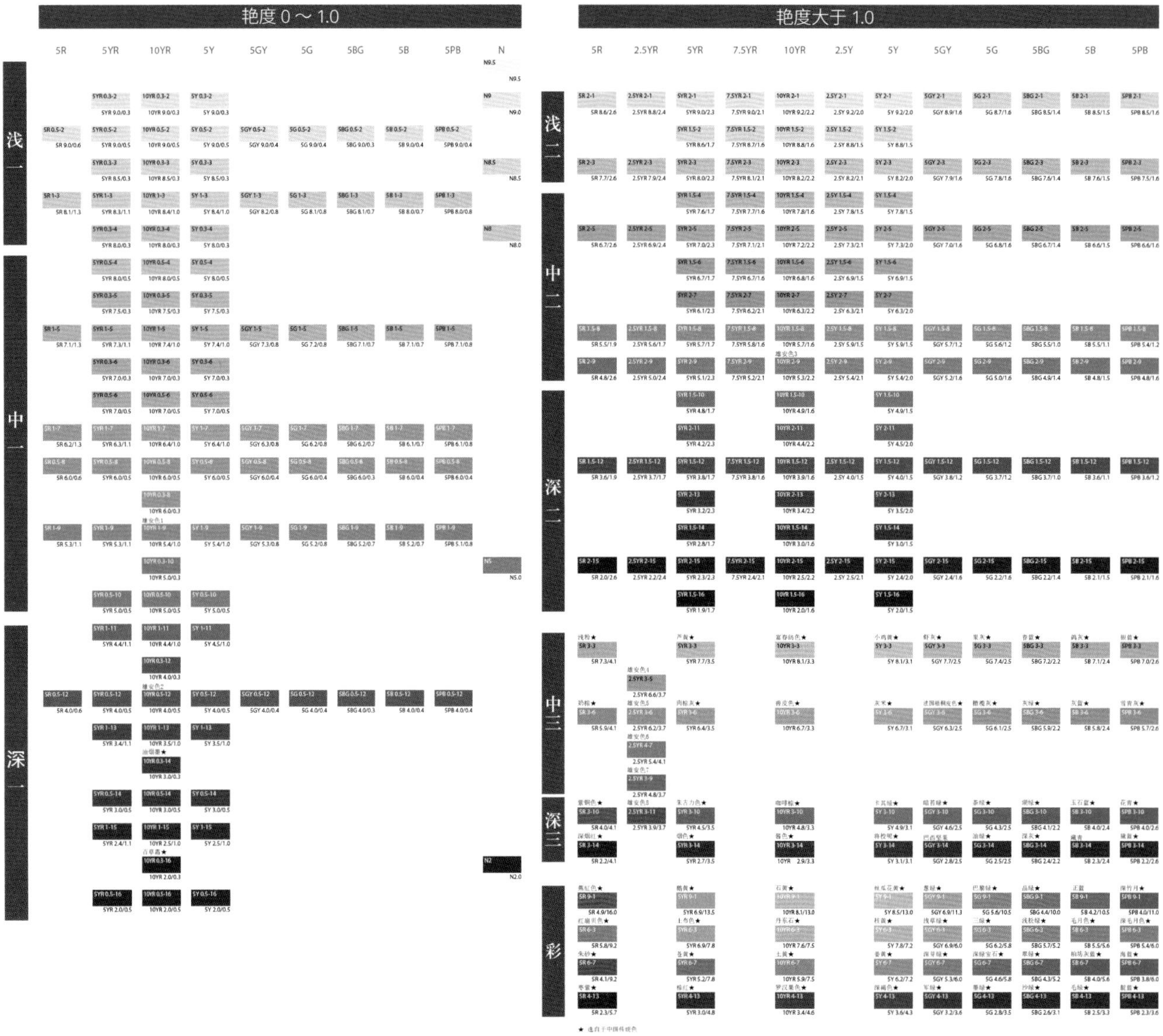

艳度 0～1.0									
5R	5YR	10YR	5Y	5GY	5G	5BG	5B	5PB	N

艳度大于 1.0										
5R	2.5YR	5YR	7.5YR	10YR	2.5Y	5Y	5GY	5G	5BG	5B	5PB

（浅、中、深、彩）

★ 选自于中传统经典

图 3-5　雄安新区城市色彩推荐色

3.3

三种观察视角构建城市色彩秩序

在城市中，由于视线受到遮挡，观距受到限制，许多时候人们只能观察到近景和中景的色彩；在较开阔的场地或较高的视点可以观察感受到远景的色彩。

远景对眺望景观影响最大，距离的增加会使所见色彩的艳度降低，也使得同一物体在视域内所占的色彩面积变小，色彩艳度影响减弱，而受明度和光泽反射的影响大，因此要特别注意色彩明度和材质的使用。在中景和近景维度，为了创造街区的良好秩序，特别要注意艳度的使用。艳度高的色彩比较容易识别，诱目性较强，会给人留下深刻的印象。但面积过大的高艳度色彩，会使人产生不安的情绪。在雄安清新明亮的整体色彩氛围中，如果突然出现过度艳丽的色彩，会成为扰乱景观的主要原因，产生极大的不协调。所以，只在限定的小范围内使用鲜艳色彩，是形成街区色彩良好秩序的必要条件。

因此，远景需要注意整体的协调性和连贯性；中景需要确认建筑物的变化和街道景观的特征；近景需要满足行人的感受，营造出具有丰富变化的、优美并富有魅力的城市景观印象。

"角度与距离一样，都是把握空间位置关系的基本空间要素。"景物特别是建筑物总会与观察者构成一定的角度。城市色彩一般具有以下四种观察方式——从侧面、从正面、从上方、从下方。在城市中人对景的观察多处于平视状态。建筑物或景物与人们构成了不同的角度，正面景物的色彩展现了较大面积，更能引起人的注意。侧面的景物由于透视作用，在观察者的视域内色彩面积减小。除了平视，由于观察者所处观察点高度的提升而产生俯视的景象。俯视时，地平面与观察者之间角度增大，从而使视域内色彩面积增大，这时城市的第五立面构成了我们色彩感知最重要的方面。

1. 建筑高度与明度的关系

现代城市中，建筑物高低尺度和用途混杂，要达到街景的调和，就需要按照建筑物的高度进行配色。建筑物的高度越高，其外立面的基调色就应越明亮、艳度越低。

另外，由于高层建筑物体量较大，所以从中景、远景观看也给周围的环境带来很大影响。而高艳度色即使远距离观看也辨识度极高，会成为扰乱周边环境色彩调和的重要因素，因此在高层建筑中不应使用。另外，高层建筑物上使用低明度色时容易造成沉重的印象，给人造成压迫感。

表 3-1　由于距离所产生的色彩变化

	近景	中景	远景
示意图			
观察距离	100 米及以下	100～500 米	1 千米及以上
观察位置	从公共通道或人行道上平视和观察	从市政道路上仰视或从乡道上眺望	从地标建筑物上眺望；从高速公路或铁路上远眺
景观特征	可辨识建筑的形态变化和阴影关系；可辨识色彩氛围和色彩感受	可识别街道整体色彩；基本识别建筑单体公共立面色彩；基本识别配色方式	观感受天气情况影响大；不易分辨出个体的色彩；距离越远，色相的辨识度越低；明度和反射度对观感影响度大
施色要点	特别注重建筑低层空间的色彩及色彩变化，并与植栽相协调	注意建筑公共界面上立面的配色方式、整体性和丰富度	要特别注意明度的使用；要特别注意屋顶色的施色

从现代建筑物使用的建材趋势也可以看出，建筑物高度越高，其基调色的艳度越低，建筑物的低层、中层、高层使用不同明度进行配色，更容易打造街景的调和及连续性。另外，还涉及与建筑物的背景、前景的关系，所以明度还要根据其间的关系进行变化，需要充分考虑到各地区的特性。图 3-6 的明度比例只是一个大致的参考，并不是绝对的，还需要在城市设计和建筑设计阶段，根据建筑物的高度、体量、设计理念进行更深入细致的研究和设计。

2. 高层建筑运用色彩分节

组群建筑使用同一种基调色时，需要进行适度变化。色彩使用面积扩大，给人的印象会随之变化。低艳度色在单体建筑上运用，或给人沉稳的印象；但如果一大组群建筑都用同一种低艳度色，就会给人过于单调、厚重甚至压抑的感觉，让人感觉不舒服。现代建筑体量普遍偏大，因此，减轻体量感是建筑色彩设计的一大要务。建议采用结合步行者的视线和合适的视觉尺寸，进行分节、分段涂装的方法。

高层住宅的侧面为长方形建筑物，需要结合形态凹凸和设计进行配色，体量较大的建筑物，应进行分节化色彩设计图 3-7 中，上面两张图中高层建筑的色彩没有经过分节设计，显示出"一整块"、没有层次的视觉感受；下面三张图中，左图所示图高层建筑通过竖向色彩的分节而中、

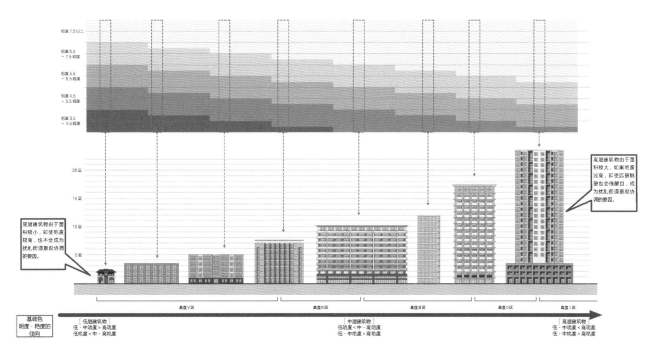

图 3-6 建筑高度与明度的关系

图 3-7 建筑高度与色彩的分节化设计

右图所示建筑通过横向分节，减少了视觉压力，减轻了建筑单调和压抑的感觉。另外，建筑材料的变化也会产生一定效果。

要想让单体住宅立面效果有所变化，就要根据形态来配色。材质不同的情况下，要配合材质的变化使用不同的色彩。此处以现代高层住宅为例，阐释色彩具有的特性、效果与背景（周边环境）之间的关系，对色彩所作的分节化处理效果进行进一步图解。高层建筑纵向分节用色，为建筑进行视觉"瘦身"让体量看起来小一些，降低量感。图3-8是根据建筑的造型设计，中央部分和左右两侧的外立面不同配色方案的效果图。依照色彩心理学上的色彩前进、后退的理论，建筑物的外观产生了立体感，比起单色的方案给人印象更生动、深刻。

中景距离观测单体住宅的时候，上述的高明度、中明度、低明度建筑用色对景观的影响并不是特别明显。但如果单色的住宅在10栋以上且成群出现，影响力就会变强，其单调和压迫感的印象也会增强。从这一点来讲，必须对组群建筑进行配色，以减轻单调和压迫感。

图3-8 建筑明度与体量关系

近距离观察建筑物的时候，建筑形态变化等细节就更明显。单色的沉闷与配色的丰富效果相比之下更加鲜明。所以，根据建筑形态的变化进行配色，从远景观测注意建筑形象丰满，中景观测时注意减轻压迫感，近景观测时注意细微多样的变化。无论观测距离怎样变化都能够展示出高质量的设计感。

3. 建筑群的色彩变化原则

在多栋建筑组成的街区进行一体化规划时，宜利用形态、体量、色彩配置的特性，形成有变化的配色方案。

平屋顶高层建筑群

为避免形成区域大规模单调压抑的整体印象，超过 10 栋的建筑群（尤其是高低结合的住宅建筑）应结合规划布局、建筑形态等进行建筑色彩的分组变化（图 3-9）。

（1）应避免多栋建筑统一用单一色。即使是沉稳的低艳度色，如果多栋建筑连续使用，也容易造成单调的印象。即使是精巧的高层建筑，成群布置的时候也会给人强烈的"一大块儿"的印象，就算是使用高明度色也会给人很重的压迫感。

（2）根据建筑的设计使低层部分具有稳定感。配合建筑的设计，在低层部分使用明度稍低的色彩，就会增加稳定感，二会有适度的分节化的效果。低层部分是行人目光触及最多的部分，最好使用有韵味的天然石材或有质感的花砖等材料。

（3）高层建筑和低层建筑的基调色宜产生明度变化。高层建筑由于与其背景中的其他建筑物、天空、山脉等有对比关系，所以尽量选择低艳度的稳重的色彩。并且跟低层建筑的基调色的明度有一定差异（高层更明亮），这样的话就会有适度的变化，让建筑色彩层次更丰富。在只有高层建筑的情况，地块最外层周边建筑宜选用明亮的基调色，这样可以使沿街产生明朗、开阔的印象。

（4）利用位置特性进行分区规划，在基调色的色相上要有变化。根据位置上的特性对地块内部进行分区规划，区分使用相近的 2～3 个色相为基调色，就能既形成整体的统一感，又在中景、近景形成适度的变化。

坡屋顶中低层建筑群

住宅小区具有相似规模、相似形状连续出现的特征。进入行人视线的板状墙壁结构会连续出现，所以需要配合建筑的设计理念进行适度的分节化设计，利用明暗或者色相的差异做出变化感。虽然是容易产生单调感的配置形式，但是由于形状很简洁，所以很容易利用基调色打造一定的变化。应结合规划布局、建筑形态等进行建筑色彩的分组变化（图 3-10）。

① 避免用单一色来涂装多栋建筑，造成单调的大体量压迫感。尤其避免艳度高的色彩单一涂装。

② 根据建筑的设计、让低层部具有稳定感。低层部使用明度稍低的色彩增加稳定感，形成适度的分节化。

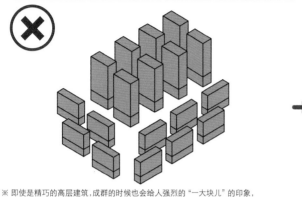

※ 即使是精巧的高层建筑，成群的时候也会给人强烈的"一大块儿"的印象，就算是使用高明度色也会给人很重严重的压迫感。

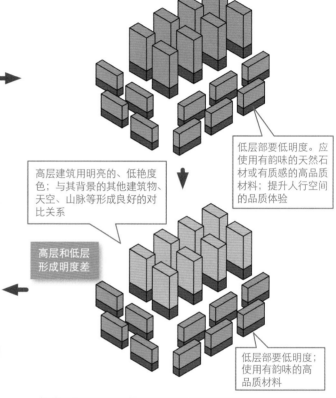

低层部要低明度。应使用有韵味的天然石材或有质感的高品质材料；提升人行空间的品质体验

高层建筑用明亮的、低艳度色；与其背景的其他建筑物、天空、山脉等形成良好的对比关系

高层和低层形成明度差

低层部要低明度；使用有韵味的高品质材料

2～3个色相变化

高层建筑用明亮的低艳度色

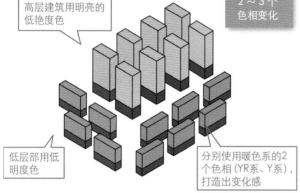

低层部用低明度色

分别使用暖色系的2个色相（YR系、Y系），打造出变化感

④ 利用位置特性进行分区规划，基调色的色相上要有变化。用相近的2～3个色相分别为基调色，既统一又有变化感。

③ 高层和低层的基调色明度应形成的一定差异（高层更明亮），形成适度的变化，让建筑色彩层次更丰富。

※例如，南侧是以山为背景的情况。北侧比邻商业地域的情况。根据位置上的特性对地块内部进行分区规划，区分使用相近的2～3个色相为基调色，既形成整体的统一感，又在中景、近景形成适度的变化。

※在只有高层建筑的情况，外侧（地块最外层周边）宜选用明亮的基调色，这样可以使沿街产生明朗、开阔的印象。

图 3-9　平屋顶高层建筑群色彩搭配方式示意图

① 避免用单一色统一多栋建筑

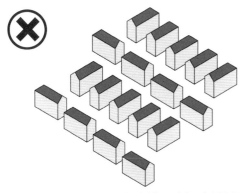

※ 即使是沉稳的低艳度色，如果多栋建筑连续使用，也容易造成单调的大体量的压迫印象。

② 基调色的色相统一，用明度差来产生变化

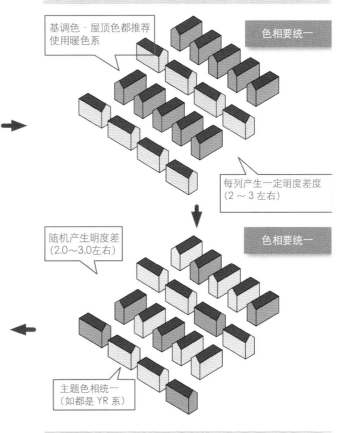

基调色·屋顶色都推荐使用暖色系

色相要统一

每列产生一定明度差度（2～3 左右）

随机产生明度差（2.0～3.0左右）

色相要统一

主题色相统一（如都是 YR 系）

④ 基调色用 2～3 个色相的组合、打造更加细致多样的变化。形成百看不厌的住宅景观。

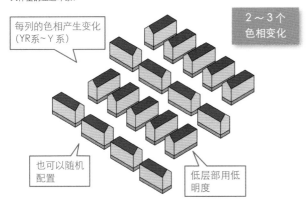

每列的色相产生变化（YR系～Y 系）

2～3 个色相变化

也可以随机配置

低层部用低明度

※ 在选择两个色相每列展开，在中景、远景观测时能够保持整体统一的印象。近景观察时还能感受到稳重的色相产生的变化，形成百看不厌的住宅景观。

③随机的配色打造更加自然多样的变化，使用同一色相，明度应产生2～3度的差异

※因为基调色的色相统一，所以即使两种色彩穿插使用也不会产生不调和的印象。特别是建筑物的形状近似的住宅小区，产生变化非常有效的方法。

图 3-10　坡屋顶中低层建筑群色彩搭配方式示意图

3.4

三种调和、五类配色与四季变化

1. 三种调和的色彩搭配方式

从一幢单体建筑到一条街道，乃至一个区域、一个城市，就色彩的协调性环节来说，城市色彩中的色彩调和型配色有 3 个基本类型：使用统一色相的"色相调和型"；组合类似色调的"类似色调调和型"；使用多色相的同时，凑齐整体色彩的强度（色调）"色调调和型"。

色相调和型配色

使用一个或者极类似的色相，在明度和艳度上产生变化的配色。在一栋单体建筑物配色时经常使用这一配色类型。多用木材、土等建材的亚洲传统街道，包括雄安地区现状城市色彩，大量运用以 YR 系为中心的色相调和型（图 3-11）。

个体调和以色相调和型配色为主。建筑单体配色时，需要准备好所有计划使用的材质，看这些材质自身的色相是否协调。为了协调景观印象，一栋建筑物的色彩尽量采用相同色相。即

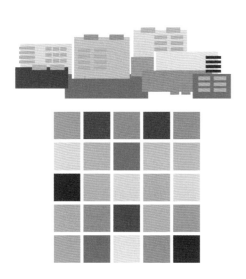

图 3-11　色相调和型配色及示例
图片来源：（右）©Bruce Stokes ／ flickr

使采用多个色彩，如果色相统一，也会形成协调的景观印象，从各色相中选出基调色、辅助色、点缀色的配色方法。图 3-12 中的色彩全部是 10YR 系的色相。

与基调色色相对比强烈的色相（冷色与暖色等），如果运用于其他部位，对比会更加强烈，产生不协调的印象。色相不调和的对比，造成色彩看起来混沌，或者对比过于强烈，给人异样的感觉（图 3-13）。

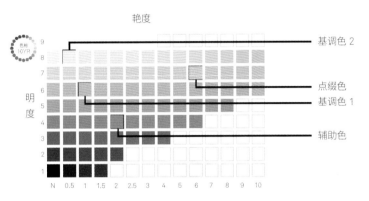

图 3-12　10YR 选色示例

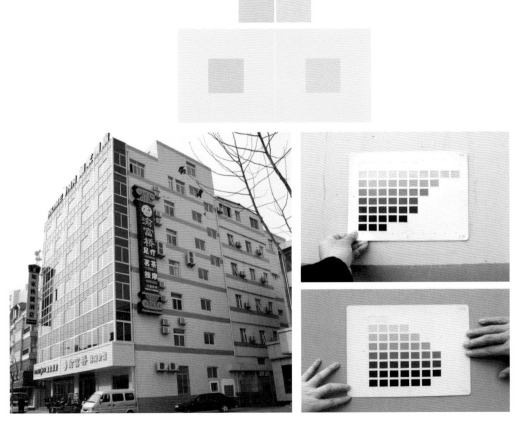

图 3-13　单栋建筑上色彩强烈对比出现的视觉不安

类似色调调和型配色

由相近的 2 至 3 种色相及其浓淡（明度、艳度的变化）形成的调和型配色。例如灰色系和棕色系等凑齐类似色彩的配色。形成非常具有统一感的配色，但是同时会带来造成单调城市色彩印象的可能性。农村的烧砖形成的街景就是类似色调调和型配色（图 3-14）。

群体调和以类似色相调和型配色为主。实际配色的时候，需要考虑两方面因素：一是对象建筑物自身的色彩是否协调；二是单体调和的建筑物多个排列，或者相邻两个建筑物作为一个群体的时候，它们的色彩是否相互协调。

建筑群体的配色，需要考虑其作为街景时的协调是色相调和型还是类似色相调和型。在中国和日本等国家，能感受到统一感的街景一般是这两种中的一种。基调色的色相调和，是最基础的一步。

色调调和型配色

色调统一（颜色的强度、明度与艳度结合），是给予色彩变化的配色，用一个或类似色调，在色相上产生变化的配色。中国和日本的传统街道是非常少见的，但在经常使用涂料的欧美国家，多用这种色调调和型街景（图 3-15）。

在新建的街区中活用色调调和型配色，在新建建筑物上充分展开配色，就可以在色彩上取得调和，打造出有适度变化的良好的城市景观。在新建城区中，因地制宜地灵活应用配色方式，例如如果使用明度和色调不同的暖色系色彩，可以获得协调的色彩景观。即使色相不同，根据不同的建筑色彩位置，采用相同的色调，也可以获得色彩的调和。

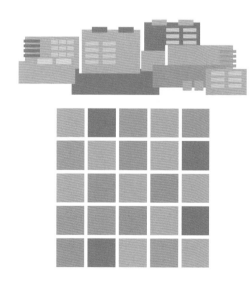 

图 3-14　类似色调调和型配色及示例

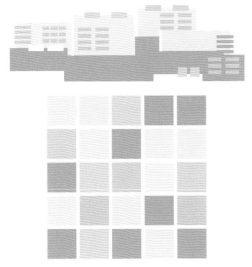

图 3-15　色调调和型配色及示例

2. 适合雄安新区的五种配色类型

相比拉萨等光亮城市，中等光亮城市中的建筑物光影明暗不明显。所以一般来说，建筑物的外立面由三个色彩组合而成，根据色彩在外立面面积比例的不同，称为"基调色""辅助色""点缀色"。

基调色是决定建筑主体印象的色彩，一般占建筑各外立面面积 80% 以上。辅助色是渲染建筑外观、丰富建筑表情的色彩，一般占建筑各外立面面积 20% 以下。点缀色用来点缀建筑外立面，彰显建筑独特个性的色彩，一般占建筑各外立面面积的 5% 以下。按照图 3-16 的比例进行配色，就能够实现平衡的立面色彩设计。

在一个街坊内，沿市政道路或公共通道的建筑群公共立面色彩，按照占比的 75%，20% 和 5%，分别形成城市色彩基调色、辅助色和点缀色。雄安新区的城市色彩配色类型可分为以下五种类型。

配色类型 A：灰色烧砖的街景
配色类型 A 是以灰色烧砖色为基础的街景构成的系统（图 3-17），可以细分为 A-1 和 A-2。
A-1：灰色烧砖街景，复原使用烧砖构成的传统街景。由带有细微色差的单种灰色烧砖构成，以恢复传统的街景为目的，打造出有风韵的沉稳街景。这类情况下，烧砖的品质非常重要，不能选择颜色类似的替代产品，因其无法企及历史建筑物自有的风韵。另外需要非常详细地探讨烧砖的色差、图案、堆砌方式等。以呈现水色的绿色、蓝绿色为点缀色展开，演绎出张弛有度

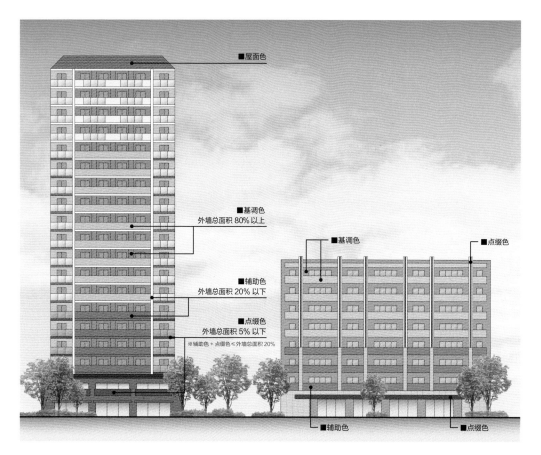

图 3-16　基调色、辅助色和点缀色示意

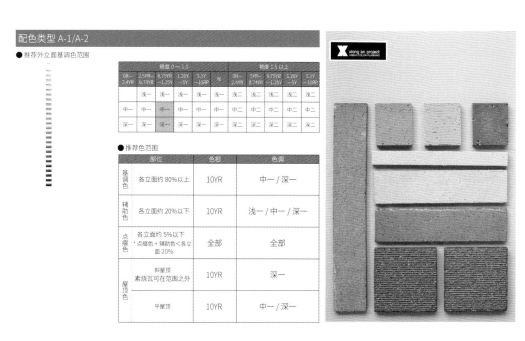

图 3-17　配色类型 A 色彩范围、取值及示例

的氛围。

A-2：以灰色烧砖、具有灰色烧砖质感和色彩的花砖为基础的街景，适用于与配色类型 A-1 相协调，可组合为浅灰调现代城市，打造符合现代化高品位的优雅街景。与配色类型 A-1 相似，以既存的村中可见绿色和蓝绿色为点缀色展开，演绎出有适度变化感的氛围。

由于是现代化的街区，可能会使用玻璃、金属板等新的素材。因此需要非常慎重地讨论现代建材与灰色烧砖之间的平衡感。例如，通过将门窗做成深色，排除"框架"的存在感，从而烘托出烧砖自有的表情、细微的阴影感。现代建筑物的设计方面还要充分注意建材之间的配合感和平衡感。

配色类型 B：10YR 系的色相调和型

配色类型 B 是包含雄安基本色的 10YR 系色彩打造的色相调和型配色的街景（图 3-18）。通过将色相统一，更加容易形成街区的统一感。通过明暗、艳度的组合，可以打造出适度的变化。单个色相深浅的变化最容易打造出和谐印象的配色。色相统一并不会造成单调、均一化的印象，因为深浅的变化可以打造出相当多的组合。针对不同建筑物的用途、规模、设计意象，展开深浅变化不同的配色，可以充分打造出色彩的多样性。

配色类型 C：暖色系的类似色调和型

配色类型 C 是以 10YR 系为中心，进一步扩展色相，从略含红色的 5YR 系，到有现代感印象的 5Y 系，适用于有温暖感的街景（图 3-19）。在暖色系的整合中，通过给色相一定的范围幅度，确保整体中的统一感和连续度，打造出有适度变化感的街景。

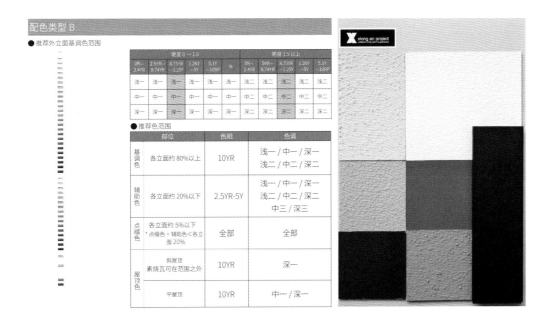

图 3-18　配色类型 B 的色彩范围、取值及示例

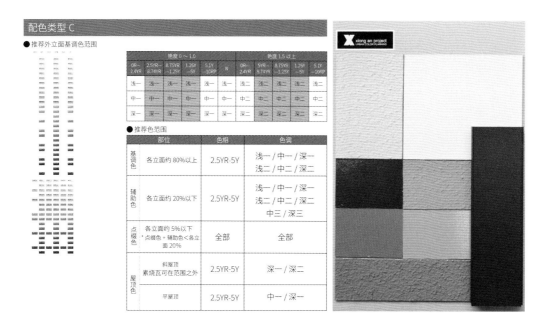

图 3-19　配色类型 C 的色彩范围、取值及示例

配色类型 D：色调调和型

配色类型 D 不光使用暖色系，也使用冷色系，适用全色相型丰富多彩的街景，是使色调调和型配色成为可能的色彩系统（图 3-20）。在同样规模的住宅和办公楼等连续林立的街区，同样的配色容易给人单调均一的印象。例如，可以限定色彩的使用部位使用多色相点缀色，在有统一感的街景中形成有变化的街景。这种情况下，基调色作为整体的背景需要整合在一定范围内，特别是需要细致调整相邻建筑物之间的配色，做综合性的设计。

配色类型 E：标志性建筑

配色类型 E 是在展现世界水平的雄安新区的街景展开的配色类型（图 3-21）。适用于雄安新区整体的中心区域，为了给人更深刻的印象，标志性塔楼从玻璃、金属等现代建材中选择，演绎出现代感，表现出明亮的感受、不带厚重感的未来型外观。塔楼周围的建筑物方面，为了烘托出塔楼给人更深刻的印象，配色上要控制明度、艳度，使得塔楼看起来更加明亮且富有标志性，形成优雅的、能够感受到风韵的街景。

3. 配合四季变化的色彩演绎

建筑物的外立面基调色是城市景观的背景。为了不剥夺四季变化的美感，需要采用控制艳度和明度的色彩，烘托出四季变化中自然色彩给人的深刻印象。同时，适应节气和节日，选取中国传统色作为建筑的点缀色，演绎雄安新区的中国特色和传统文化，点缀色的比例控制在建筑立面的 5% 以下（图 3-22）。

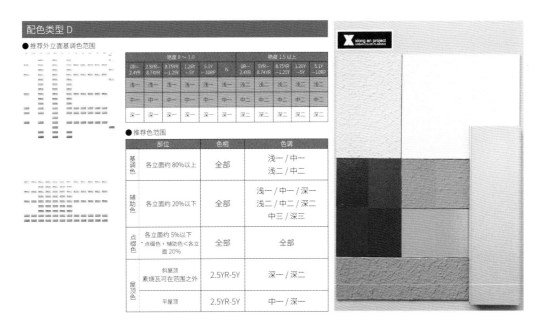

图 3-20 配色类型 D 的色彩范围、取值及示例

图 3-21 配色类型 E 的色彩范围、取值及示例

春

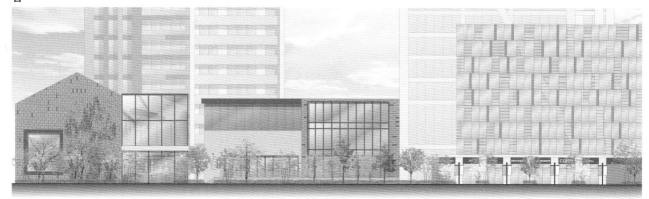

夏

秋

冬

图 3-22 城市色彩的四季演绎示例

以上城市色彩规划设计原则，是雄安新区未来色彩秩序的思考过程，也是色彩搭配的逻辑链条。雄安的色彩既要满足"中华风范"的历史定位，也要符合"淀泊风光"的本土特色，更要引领"创新风尚"的时代要求。雄安城市色彩来源于本地自然环境色和人工环境色的抽象，让色谱的设计色更加符合当地的气候和视觉的舒适度；也通过中国传统色的加入，增加了色谱的丰富度和辨识度。考虑到雄安新区的城市风貌的特殊性，利用色彩调和方式和配色类型，在谋求公共空间色彩统一和谐的基础上，强化城市公共立面色彩的活跃度。

CHAPTER 4

第 4 章

色彩空间塑造雄安风貌

个别的美是不存在的，惟有整体才是美的。

——谢林

遥看白洋淀
王京卓 摄（2017 年 11 月）

在规划的语境下理解色彩，运用规划的方法创造色彩关系，是城市色彩规划必须要突破的难题。色彩学和色度学的基本原理和原则必须与城市空间格局产生对话，一是各个空间要素的色彩秩序，包括轴线、廊道、组团、节点、界面等，同时涉及地上和地下部分；二是城市功能的色彩组织，涵盖居住、产业、生态和乡村等功能片区；三是公共设施的色彩配置，包含道路、桥梁、围墙、街道家具、广告店招和灯光。

4.1

雄安新区色彩空间结构

　　雄安新区整体色彩空间可分为都市色彩空间和郊野色彩空间两大类型，其中，都市色彩空间以起步区为核心，以色彩轴线与雄县、容城、安新、寨里、昝岗五大外围组团相联系，使之成为完整的色彩体系（图 4-1）；郊野色彩空间则包含新区广袤的水绿生态空间和散布其间的美丽乡村（乡愁保护点）。

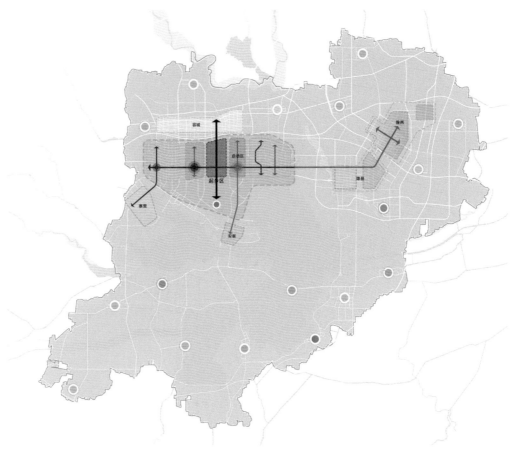

图 4-1　雄安新区色彩空间结构

雄安新区希望呈现"整体感中蕴含变化的色彩"。为了形成新区的"整体感"，首先要构建城市背景色。在新区的整体色彩营造中，将以传统建筑色为灵感加以变化和演绎，选取能够适应现代建筑形式和城镇风貌的基调色，以构建新区色彩的"整体感"。这一系列的色彩可称为"雄安新区主色调"。富有整体感的色彩是经过调和的色彩，即色相调和、色调调和与类似色调和，所形成的色彩背景不会对视觉产生过分的对比和刺激，构成稳定、雅致、和谐的城市背景。

同时，为避免色彩单一产生单调感，通过三种调和方式的灵活使用，在组团和片区之间产生色相和色调的差别，并在城市节点处通过明度和艳度的调节，增加地区的多样性和辨识度。

郊野地区以水、绿生态空间的自然色彩为基底，美丽乡村（乡愁保护点）散布于自然环境中，色彩选取与本土的建筑烧砖色、自然环境协调不突兀的颜色，营造融于自然的色彩感受。

4.2

色彩分区和分区特点

1. 起步区：勾勒城市结构的色彩格局

　　起步区的色彩结构逻辑以方城作为色彩基点（图 4-2），以南北轴线为中轴形成色彩对称感，沿东西轴线向两侧扩展，将其他四个组团的核心区域作为次一级色彩基点，各组团的次色彩轴线在组团内沿南北向扩展，一般地区的色彩由色彩基点、廊道向外退晕，起步区整体的色彩氛围向南侧小镇组团退晕，融入淀泊的蓝绿色彩中（图 4-3）。

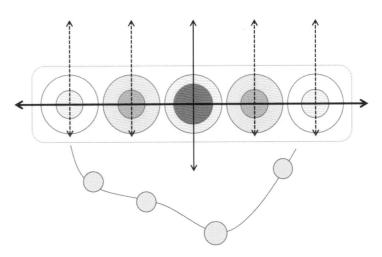

图 4-2　起步区城市色彩总体结构示意图

图 4-3　起步区城市色彩对称结构示意图

色彩与高度

建筑高度与色彩的关系非常密切,应重点关注近人尺度。起步区建筑高度以54米以下为主,高度54米以上的建筑主要为地标式建筑。为保证整体有序,重点突出的城市风貌特点,根据建筑高度分为三类建筑进行色彩控制。建筑高度小于24米的建筑,主要为社区服务设施、滨水区建筑、各组团外围建筑等,应作为城市背景色。该类建筑人视角建筑立面被遮挡较多,色彩包容度较大,明度选择比较宽泛。起步区主体建筑高度24~45米,建筑色彩作为城市背景色,宜选用中高明度、较低彩度的暖色系,取得柔和、和缓的视觉感受,调式不宜过长,以此来扩大空间在人视觉中的感受。严格控制高层建筑,集中布局45米以上高层建筑,此类建筑作为起步区的地标建筑,宜选用中高明度色彩,轻快透明,减少高度带来的压抑感。用材应更加丰富,注重细节品质。

色彩与廊道

廊道是城市交通流动最频繁的通道,是人们感知城市色彩秩序的重要通道。雄安新区的色彩形成"东西轴线和南北轴线"的空间结构。两条轴线共同组成十字主轴,交汇在方城核心。十字主轴由于其重要性,将成为起步区色彩表达最为强烈的线性空间。南北中轴线集中展示历史文化生态特色,突出中轴对称、疏密有致、灵动均衡,布局重大公共文化设施,寓意中华文明、中华复兴、中华腾飞。东西向主轴线集聚创新要素和公共服务,利用交通廊道串联城市组团。东西向主轴线北侧分布有两条东西向的轴线,沿轴线体现功能片区的色彩特征,包括生活服务轴和产业创新轴。

各组团服务中心在片区内成为色彩亮点,共同串联为生活服务轴。在产业创新轴布局主导产业,在起步区北部形成色彩风格接近的产业集聚带。核心区两侧的四个组团分布有四条南北向的轴线,南北向轴线以突出本组团风貌为主。同时,南北轴线往往是滨水或滨绿地的。轴线上的建筑色彩应体现生态的风貌特色,尊重城区的自然特征,应采用与水绿协调的色彩,建筑形态及色彩不应损害生态区的自然氛围,留足自然生态空间。低层建筑采用低艳度、低明度的屋顶;中高层建筑采用低艳度、中高明度的基调色(图4-4,图4-5)。

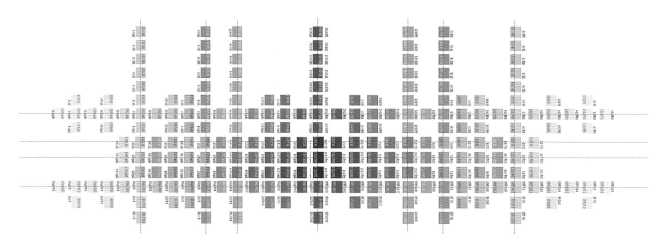

图4-4 起步区色彩廊道示意图

　　东西轴线是起步区最主要的城市东西向轴线，集聚创新要素和公共服务，利用交通廊道串联城市组团，集中承载非首都功能疏解，布局事业单位、企业总部、金融机构等，展示现代化城市的综合功能和创新活力。东西向主轴线整体第一界面明度偏低，第二界面的高层建筑明度较高。其中方城采用艳度较高、明度偏低的暖色调。轨道交通站点艳度次之，形成丰富多彩的节点（图 4-6）。

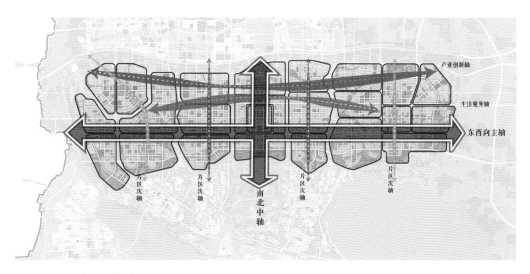

图 4-5　起步区色彩廊道结构图

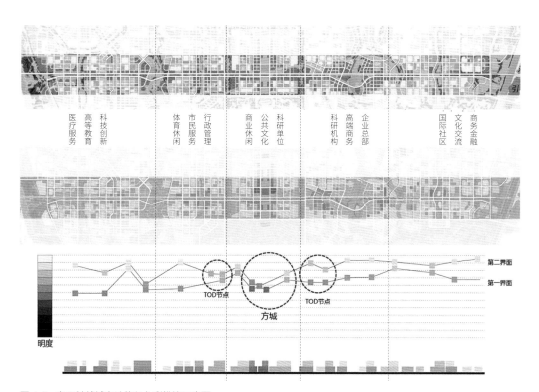

图 4-6　东西轴线城市功能与色彩推演示意图

功能节点与色彩基点

色彩基点即在城市色彩结构中发挥关键作用的区域，这一区域是城市色彩结构的重要控制点。色彩基点的位置应当是城市结构中有利于形成城市色彩节奏变化的重要控制点。色彩基点对周边一定范围内的建筑色彩以圆心扩散方式形成影响，使得特定片区的城市色彩形成和谐、连续、渐变的效果。色彩基点有助于形成城市色彩的节奏变化，使城市的色彩意象更为明晰。城市中可以有多个色彩基点，色彩基点互相能够叠加，共同影响城市色彩的变化（图 4-7）。

起步区整体色彩控制以方城和副中心 TOD 节点为"色彩基点"，五个组团的色彩控制在此基础上以组团节点为"色彩基点"（图 4-8）。方城与东西向主轴线的交汇处塑造雄安新区的核心，采用端庄、大方、肃穆的中艳度色彩，体现传统底蕴。副中心 TOD 节点塑造特色公共服务中心，采用明度较高、中等艳度的色彩，多色相，营造明快活力多元的氛围，与周边区域形成对比（图 4-9）。组团节点为各组团的核心区域，采用明度较高、中等艳度的色彩，色相不宜过多，应与周边区域进行融合协调。

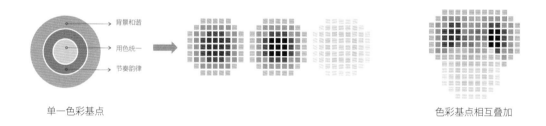

单一色彩基点   色彩基点相互叠加

图 4-7　色彩基点示意图

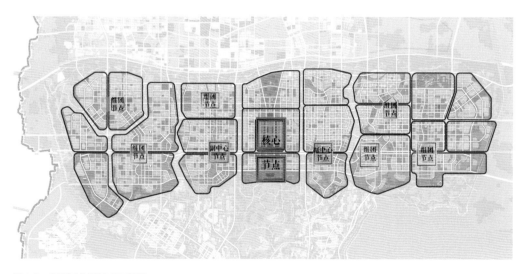

图 4-8　起步区色彩基点示意图

门户节点与色彩基点

东西向主轴线两处节点作为起步区核心和入口，应通过色彩使人感到繁荣的景象和端庄的氛围。色彩应选用稳静的调子并适当加入艳丽的色彩，形成明丽赭灰的基本底色。与东西向主轴线整体廊道色彩相呼应，作为轴线入口强化该廊道的整体色彩风格（图 4-10，图 4-11）。

高速出入口作为进入起步区的印象区域，在色彩上予以强化，形成积极门的户空间色彩（图 4-12）。

图 4-9　启动区 TOD 节点示意图
资料来源：《河北雄安新区启动区控制性详细规划》

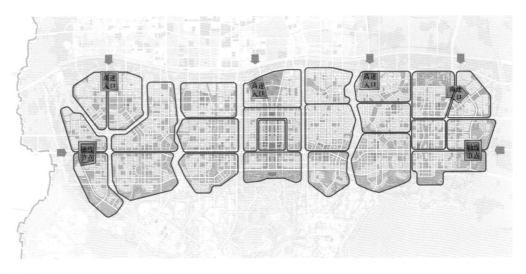

图 4-10　起步区门户节点示意图

图 4-11 轴线节点示意图

图 4-12 门户节点示意图

地下空间的色彩

对轨交站点、大型公共设施的地下公共空间分类引导；明确色相、明度和艳度的要求，对各类型的地下空间用色提出建议色彩范围（图 4-13）。在自然光不能完全到达的地下空间，应采用高明度的颜色，尽量避免灰暗色调的使用，创造安全、舒适、愉悦的地下空间色彩，增加空间的开敞感，在视觉上减少地下空间令人压抑的心理感受（图 4-14，图 4-15）。

在封闭空间中，长波系统（暖色）会使人感觉时间流逝较慢，而短波系统（冷色）会使人感觉时间流逝较快。因此，在地下商业空间等需要人停留、聚集的地下空间，建议使用明亮温暖的颜色。通过艳度和明度的改变，形成统一协调的效果。在地下交通空间等疏导人流通过的空间，建议使用清冷明快的颜色，营造快捷协调的氛围。

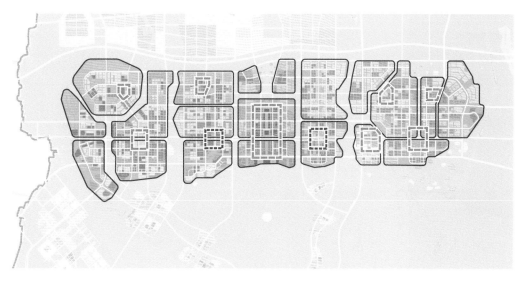

图 4-13　地下空间色彩引导范围

图 4-14　地下流动空间色彩示意

图 4-15　地下驻留空间色彩示意

城市生态界面的色彩

起步区的城市生态界面分为临淀界面和沿生态廊道两种，对城市色彩来说，临水线与临林际线，是两种完全不同的色彩策略和处理方式（图 4-16）。

城淀界面是以明快的天空和浩渺的白洋淀为背景，宜采用无彩色和低艳度的色彩为基调，打造清新淡雅的氛围。东西向主轴线与方城的南北中轴共同组成十字主轴，十字主轴由于其重要性，将成为起步区色彩表达最为强烈的线性空间。利用金属和玻璃等素材的色彩，用明亮的带有透明感的配色展示清新明亮的滨水空间（图 4-17）。

紧邻绿廊的区域以树木和草坡为背景，色彩选择的原则是形成生态绿廊的背景色，不与自然环境四季的变化构成色彩冲突，尤其考虑华北地区萧瑟的冬季景观，降低人工环境色的诱目性。因此，建筑公共立面的色彩明度不宜过高，宜选取中一区间的色调（图 4-18）。

2.雄县组团：与古为新的林中之城

雄县组团"突出改造提升，实现产城融合、创新发展"，高标准建设雄东片区，配套完备公共服务设施，提供充足就业岗位，保障高铁枢纽周边居民的搬迁安居。加强县城更新，提升城市功能；保护古城历史格局，修复历史街巷，彰显人文气息和古城韵味。修复大清河生态环境，塑造新盖房分洪道景观带，加强雄东片区、雄县县城、昝岗组团的交通联系和景观协调，提高城市宜居水平，实现联动发展。

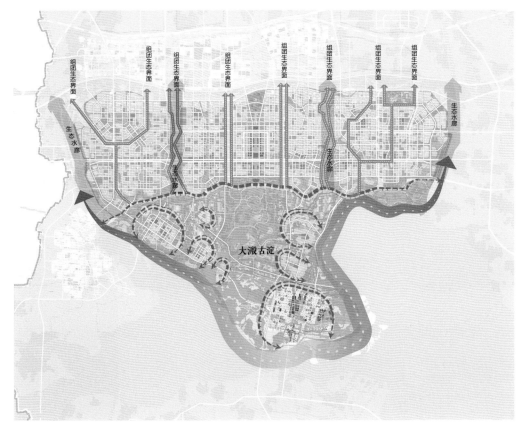

图 4-16　城市生态界面结构图

图 4-17　城淀界面色彩示意图

图 4-18　生态绿廊界面色彩示意图

重点发展高端装备、智能制造、新材料、文化旅游等产业。积极承接北京优质科技资源，建设中关村科技园雄安园区，打造高水平创新创业载体，促进科技成果孵化转化；推动军民深度融合发展，布局一批高水平科研产业设施，积极开展基础研究和基础应用研究，实现产城融合、创新发展。

雄县组团的老城和新城被生态廊道分隔，形态上是两个独立的城市片区。以历史原真性为原则恢复老城的色彩和风貌为原则，建立老城色彩库，以配色类型 A 为导向，色相为 10YR，基调色为"中一、深一"；辅助色为"浅一、中一、深一"，营造令人怀念和感到亲切的、富有魅力的传统市镇。新城在 10YR 的基础上，形成配色类型 C，色相向类似色拓展，形成 2.5YR—5Y 的临近色彩区间，误差允许值为 ±1.25。基调色的色调为"浅一、中一"及"浅二、中二"；辅助色的色调为"浅一、中一、深一""浅二、中二、深二"及"中三、深三"（图 4-19）。

3. 容城组团：温暖高雅的色彩对称

容城组团位于起步区北侧，呈东西向带状展开布局，容城县城的东、西两侧分别为容东和容西片区，片区间设置生态廊道，并与起步区生态廊道相衔接。容东及容西片区服务动迁安置，保障起步区的建设。同时，有序推进容城县城更新，完善基础设施、增加公共空间，促进优质公共服务资源的优化配置。

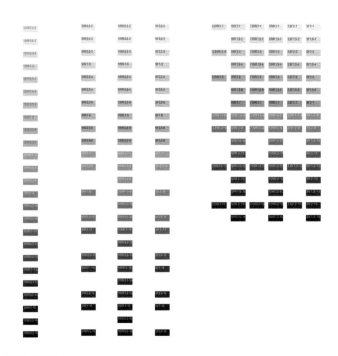

图 4-19　雄县组团的基调色和辅助色

容城组团的产业配套发展高端高新产业，积极承接北京相关企业、科研院所，以高端研发为主要方向，重点发展新一代信息技术产业，发展设计、数字创意产业，促进创新设计与新区其他产业发展的深度融合；建设中小企业孵化平台，合力打造企业集聚、要素完善、协作紧密、创新力强的新型产业集群。

总的来说，容城组团以居住社区功能为主，色彩定位"营造有温度的居住社区"。容东和容西为完全新建的城市片区，容城县城的整体更新意味着风貌质量的提升，通过提取传统的人工环境色，营造能够使居民产生认同感的色彩印象，形成有辨识度的社区印象。

基于此，容城组团以配色类型 C 为主，基调色、辅助色和点缀色的色相以 10YR 为色彩基点，向两侧拓展色相至 5YR 和 5Y，误差允许值为 ±1.25。基调色的色调为"浅一、中一"及"浅二、中二"；辅助色的色调为"浅一、中一、深一""浅二、中二、深二"及"中三、深三"（图 4-20）。

4. 安新组团：追求古城的色彩原真

安新组团规划建设"以休闲创意为特色的宜居水城"，有序退出不符合规划功能的产业和企业，优化城淀关系；加快组团更新改造，完善公共配套和市政设施，提升城市功能，优化城市品质；开展古城修复，保护古城墙遗址，贯通护城河，重现"子母城，双环水"的历史空间格局；结合周边村镇改造，建设生态型堤岸，形成城、淀相融的景观风貌。安新组团空间格局

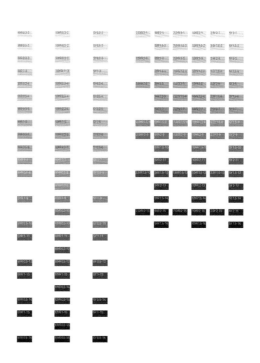

图 4-20　容城组团的基调色和辅助色

是"水城共融、蓝绿交织"。主要功能组团包括古城文化组团、艺术院校和艺术家村组团、旅游与休闲服务组团、影视文化产业组团等；积极承接北京优质要素，发展传媒、动漫、工艺设计、视觉艺术等文化创意产业；充分利用古城文化和水乡特色，发展休闲旅游，增强城市活力。

安新组团分为古城和新城部分。作为组团核心的古城部分，以历史原真性为原则恢复老城的色彩和风貌，建立老城色彩库，以配色类型 A 为导向，色相为 10YR，基调色为"中一、深一"；辅助色为"浅一、中一、深一"，营造令人怀念和感到亲切的、富有魅力的传统市镇（图 4-21）。新城位于古城北侧，为了更好地衔接古城风貌和色彩，运用配色类型 B，色相为 10YR，，误差允许值为 ±1.25。在配色类型 A 的基础上，增加"浅二、中二、深二"为基调色；"中三、深三"为辅助色。

图 4-21　安新组团的基调色和辅助色

5. 寨里组团：清新明亮的淀边水城

寨里组团规划建设"以发展生物和生命健康为主导产业的生态新城"。组团依托淀滨河生态本底，利用环白洋淀林带和萍河河口等自然优势，挖掘周边历史人文特色，打造集科技创新、对外交往、康疗休闲和回迁安居功能于一体，与起步区协同发展、景城相融的生态新城组团。

产业方面，积极承接生命科学与生物等产业，建设国家级科研平台，重点发展脑科学、干细胞、蛋白质、基因工程以及生物医药、医疗器械等，加快建设临床试验中心、药品中试公共服务平台，打造具有全球影响力的生物科技创新高地。

寨里组团为新建城市片区，色彩定位为"演绎明亮舒展的滨水景观"，以配色类型 D 为主，淀边的商务中心嵌入配色类型 E，色调调和的方式使得该片区的色相选色非常宽泛。基调色调为"浅一"和"浅二"，保持清新明亮的色彩底色，辅助色调为"中一、深一""中二、深二"及"中三、深三"（图 4-22）。

图 4-22　寨里组团的基调色和辅助色

6. 昝岗组团：通透明快的现代都市

　　昝岗组团结合高铁站枢纽工程等对外交通门户建设，推动城站一体开发。坚持新建和改造并重，在加大组团开发建设力度的同时，推进昝岗、米家务镇区全面更新，进一步强化基础设施建设，高标准配置公共服务，提高城市承载能力；重点规划科技研发、会议会展、商务办公等功能；建设昝岗组团和米家务片区之间的生态隔离廊道和新盖房分洪道景观带；关停现状油田管井，用最先进的技术实施封井处理，确保城市安全。

　　承接一批自北京转移的科研院所，组建一批重点实验室、工程研究中心和科技创新平台；以科技创新推动产业创新，重点发展新一代信息技术、新材料、医疗健康等产业；建设军民融合产业园区，承接部分军工集团相关机构，吸引军工产业集团建设军工产业、军转民产业，发展智能装备产业；激发各类创新主体活力，建立长期稳定运行的军民协同创新联盟，推动军民融合创新发展。

　　昝岗组团将以高铁站为中心进行组团开发，配合高铁及周边商务片区的商务办公功能，使用玻璃幕墙、金属构件等建筑材料，打造现代化的城市风貌。以配色类型 D 为主，毗邻"涞河谷"的商务中心嵌入配色类型 E，色调调和的方式使得该片区的色相选色非常宽泛，基本覆盖了所有色相。基调色调为"浅一"和"浅二"，保持清新明亮的色彩底色，辅助色调为"中一、深一""中二、深二"及"中三、深三"（图 4-23）。

图 4-23　昝岗组团的基调色和辅助色

4.3

分类建筑施色通则

1. 居住综合区

居住综合区指城市中成片的居住区块，包含为社区配套的公共服务、办公、商业等设施。居住综合区是占据城市建筑面积总量最多的建筑类型，应作为城市整体色彩的基底和背景；应采用沉稳、安定、大气的色彩，以稳定安静为色彩氛围。

控制要素

居住综合区以居住功能为主，其中混合了商业、教育、医疗等各类配套服务设施建筑。低层和多层居住建筑部分采用坡屋顶设计，居住建筑的立面材质选取也非常多样。因此，居住综合区的色彩选取范围控制需同时兼顾立面和屋面的色彩。材质的色彩控制中，需要根据各类材质的特性分别进行控制（表 4-1）。

正负面清单

在成片的居住建筑中，需要注重色彩比例控制与色彩的多样性原则，以营造高品质的片区色彩。色彩品质高的居住区在色彩使用上有如下特征：采用暖色调、色彩不单调、富有变化、色彩的使用融入建筑外观设计、材质选择恰当（图 4-24）。

表 4-1　居住综合区色彩控制要素

色彩选取范围	色彩比例控制	色彩多样性	材质色彩控制
色相的推荐范围	基调色占比	组群内的基调色变化	涂料的色彩
明度的限制	辅助色占比	组群内建筑单体的辅助色、点缀色变化	玻璃的色彩
艳度的限制	点缀色占比		天然石材的色彩
屋面色彩的选取			人工面砖的色彩

图 4-24　高品质色彩的居住综合区示例

相应的，使用低品质的建筑基调色将对城市环境产生消极影响。基调色是建筑外观面积最大的色彩，对城市环境影响最大。对色彩的使用不能不考虑其施色面积，因其体量、规模巨大，基调色选取欠妥将影响整体环境品质。色彩品质低的居住区在色彩使用上容易出现以下问题：基调色艳度过高、色相与周边环境不协调、色相搭配不协调、明度过低、色彩黯淡（图 4-25）。

色彩多样性营造

基调色和辅助色的选取：建筑组群的基调色不能简单地使用一种颜色，基调色应富有变化、多而不杂，营造高品质的色彩环境。具体方法包括：选取色相差不超过 2.5、明度差同时满足不小于 1.5 且不大于 2.5、艳度差不大于 1.5。

点缀色的选取：组群内建筑单体的辅助色、点缀色变化有助于形成建筑组群的呼应和整体感。具体方法包括：选取明度、艳度一致，色相跳跃的点缀色，多种辅助色或点缀色组合，不宜超过三种。

图 4-25　低品质色彩的居住综合区示例

材质色彩控制

目前居住建筑外立面的材质主要有涂料、天然石材等，同时会使用相当比例的玻璃。材质的色彩决定了最终的整体视觉效果，需要根据材质的特性控制其色彩选取，其中涂料的色彩选取最为自由，应按照推荐色谱的范围控制基调色和辅助色的选取，同时由于选色范围广，可以作为点缀色使用；天然石材的色彩受材料本身限制，主要作为建筑的基调色和辅助色使用。具体的材质色彩控制建议如下：涂料的色彩选择范围广，建议按照基调色推荐要求选择涂料；玻璃作为建筑辅助色的一部分，应与基调色协调；天然石材一般作为建筑辅助色使用，天然材料艳度较低，应注意色相选取与基调色协调。

2. 产业综合区

产业综合区指城市中成片的产业区块，涵盖办公、研发、仓储、物流等功能，也包含为产业配套的公共服务设施和商业设施。产业综合区中建筑功能多样，形态和材质的选择各异；应注重色彩与建筑设计、建筑材料的结合，同时关注与周边环境的关系，塑造高品质的城市空间。

控制要素

产业综合区以生产、仓储、研发、办公、配套等功能构成，新建的研发、办公等建筑较少采用坡屋顶设计，建筑形式相对现代，在许多情况下大面积采用玻璃幕墙。因此，产业综合区的色彩选取范围控制主要聚焦建筑立面。材质的色彩控制中，需要更注意与建筑设计方案的结合，并关注玻璃幕墙这类特殊建筑材料的色彩选取和控制（表 4-2）。色彩比例控制与色彩的多样性原则与居住综合区类似，根据产业综合区的功能特点进行引导。

表 4-2　产业综合区色彩控制要素

色彩选取范围	色彩比例控制	色彩多样性	材质色彩控制
色相的推荐范围	基调色占比	相邻建筑的基调色的搭配	与建筑设计结合
明度的限制	辅助色占比	组群内建筑单体的辅助色、点缀色变化	玻璃幕墙的色彩选择
艳度的限制	点缀色占比		

正负面清单

产业综合区中建筑功能多样，形态和材质的选择各异，色彩品质高的产业综合区在色彩使用上有如下特征：控制基调色艳度、色彩不单调、富有变化，色彩的使用融入建筑外观设计，恰当的材质选择（图 4-26）。色相推荐范围 5R—5YR—10YR—5Y；5BG—5B—5PB；明度限制 6.0 ～ 10.5；艳度推荐范围 0.3 ～ 2.5。

相应的，单体基调色选取不妥或建筑色彩本身品质较低将影响产业综合区的整体色彩品质。色彩品质低的产业建筑和产业区在色彩使用上容易出现以下问题：基调色艳度过高、色彩单调无变化、色相与周边环境不协调、基调色与辅助色、点缀色搭配不协调、明度过低，产生压抑感。紫（P）、红紫（RP）、绿（G）大面积使用于墙面时，色彩品质低（图 4-27）。因此，艳度选择推荐 5R—5Y 的暖色调范围及 5B 两侧的 5BG—5B—5PB 冷色调范围。此外，限制低明度色彩、推荐低艳度色彩。

色彩多样性营造

相邻建筑的基调色的搭配互相协调，相邻建筑基调色需要尽量避免选择色相跳跃、明度差别大的色彩。组群内建筑单体的辅助色、点缀色变化有助于形成建筑组群的呼应和整体感，应选取明度、艳度一致、色相跳跃的点缀色。

图 4-26　高品质色彩的产业综合区示例

图 4-27 低色彩品质的产业综合区示例

3. 生态综合区

　　生态区色彩以水和绿为核心，应采用与水绿协调的色彩，建筑形态及色彩不应损害生态区的自然氛围。生态综合区的色彩主要有三要素：自然色彩、人工色彩和毗邻的城市色彩（表4-3）。

　　体量较小的建筑建议采用低艳度、低明度色彩，色相与自然环境相呼应；而构筑物建议采用高明度无彩色或低明度、色相与自然环境呼应的色彩。位于生态区周边的建筑，在形态、色彩上不应损害生态区的自然景观，其中：低层建筑采用低艳度、低明度的屋顶；中高层建筑采用低艳度、中高明度的基调色。

4. 美丽乡村（乡愁保护点）

　　村庄风貌以风貌协调、色彩淡雅、布局错落为原则，村庄的整体色调应体现地域特色，民居建筑鼓励采用本地的建筑材料，同时满足村民们对民宅多样化、个性化、现代化的追求。新建与改建民宅鼓励延续整体村貌，采用与周边建筑类似的颜色。建筑屋面推荐采用青灰色的传统小青瓦，或其他低艳度、低明度的屋面材料，避免使用彩钢板等高艳度中明度的建筑材料。墙面推荐采用高明度、无彩色，村民可根据自家需要对外墙进行涂刷或贴瓷砖，但应避免使用中明度、中高艳度的瓷砖。色彩鲜艳的面层材料，可以小面积使用于建筑立面作为点缀。建筑构件的颜色选择应当慎重，避免采用突兀的高艳度或金属色建筑构件，如大门、窗框、栏杆等。对于宗教建筑，应尊重其宗教色彩选取。

表 4-3 生态综合区色彩控制要素

自然色彩	人工色彩	环境协调
水和绿为核心的自然色彩景观	建筑物的色彩控制 设施的色彩选取	位于生态区周边的建筑，在形态、色彩上不应损害生态区的自然景观

4.4

公共设施施色通则

1. 道路

　　道路色彩的设计与使用要与道路的顺畅性、安全性紧密联系，色彩设计上应首先满足功能性需求。其次依据雄安新区总色谱，进行色彩搭配和设计。一切色彩搭配和设计应以满足功能性、安全性需求为前提。道路（高架道路、人行道、自行车道、人行天桥等）的色彩属于控制性色彩，是长期、大面积、静止的，属于基调色彩。建议采用低艳度、低明度的色彩，例如中灰调，与环境相适应，避免引起视觉不良反应，保障交通安全。

　　道路设计上，应注意一些安全性需要的特殊色彩。例如在交通事故多发地段，可使用彩色路面。铺筑红色或黄色路面，直观地提醒驾驶员谨慎行车。慢行道的特殊色彩，如自行车道、跑步道、慢行道等，应统一依据具体方案需要进行设计。某些道路路段因设计审美需求而需要的色彩，可以允许适当放宽控制，一事一议。例如在特殊区域的路面，使用彩色铺地，强调个性，美化环境（图 4-28）。

2. 桥梁

　　桥梁的色彩设计与使用，与桥梁所处的背景色、桥梁的本身具有的象征意义有关，在色彩设计上应满足协调性与美观性的需求。桥梁一般作为环境色的前景存在，应与桥梁所处的背景的色相调和。

　　色调的设定上，基本上采用与背景色保持一致的色调，或者比其艳度低下的色调；避免鲜艳的色彩，减少与背景的对比，形成与环境融合的色彩设计。相反，用鲜艳色的色调限定于在具有特别象征意义时使用（图 4-29）。

3. 围墙

　　围墙是建筑底层色彩的延伸，是城市的基底色彩。围墙本身的色彩应与环境相融合，富有美感，避免突兀。围墙的画框效应决定了目光的聚焦效应，因此围墙上悬挂的内容色彩应尽量淡雅简洁。

图 4-28　道路色彩控制示意图

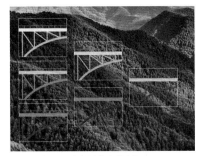

色彩与背景一致或低艳度的桥梁

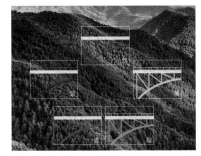

鲜艳色的色调限定于在具有特别象征意义

生态地区色彩设计的例子——暗色基调

淀边地区色彩设计的例子——明快基调

图 4-29　桥梁色彩控制示意图

　　按照围墙的使用方式，可以分为永久围墙和临时性围墙两大类。

　　永久围墙按照围墙的组成结构不同，又可分为通透围墙、绿植围墙和实墙。通透围墙一般应用在无特殊视线遮挡要求的住宅小区、企事业办公区域、城市公园等。沿街围墙 0.9 米以上通透率应达到 80% 及以上；可通过在围墙后侧设置密集绿化遮挡视线；宜采用低明度、低艳度色彩（图 4-30）。绿植围墙一般应用在有视线遮挡需求的住宅小区、企事业办公区域、城市公园等。可采用竹篱编制、爬墙植物等形式，建造绿植围墙，宜采用类自然色的材质。实墙为历史构筑物时，保留实墙；特殊地块需完全遮挡时可设实墙。应通过绿植、材质拼贴、艺术浮刻等对实墙进行美化（图 4-31）。

　　临时围墙按照围墙的功能不同，又可分为工程围墙和功能性围墙。工程围墙起到工程围挡、遮蔽视线的作用。在色彩控制上，应尽量避免使用明蓝色或明绿色的工程围挡。功能性围墙是指临时停车场等临时围墙。实施围墙色彩时，以涂刷和覆膜为主，应尽量避免使用过于鲜艳的色调，以低艳度的颜色作为基调色，减少与背景色的对比效果（图 4-32）。

图 4-30　通透围墙示意图　　　　　　　　　　　　　图 4-31　绿植围墙示意图

图 4-32　实墙示意图

实施围墙色彩时，要结合雄安新区推荐色与周围环境做出判断。要对色彩设施的功能和规模以及周围的环境做出综合判断，并应对色彩选择保持慎重、科学的态度。用色和配色是需要具有地域亲和力的，不要出现与地域景观产生矛盾的现象（图4-33）。围墙在色彩搭配时，应与要与雄安新区色彩推荐色进行对照比较，判断什么样的色彩是应该避免使用的。禁用色对周边环境能够产生的影响较大，因此作为围墙立面色使用不妥当。

4. 街道家具

街道家具包括所有设立于街道和公共场所的家具设施。在城市中无处不在，是城市细节的体现。街道家具作为雄安新区城市景观的点缀，其用色可以根据实际需要适当超越雄安新区总色谱的推荐范围，但应与其基本功能相适应。某些特殊的街道家具，例如与道路和市政设施整合后的街道家具，在色彩搭配使用上，应以保障其功能性和安全性为前提。

在城市公共环境设施设计时，应正确运用色彩，保障公共安全，让人容易识别和辨认，同时还具备一定的装饰性功能。街道家具的色彩，应与所处的街道和公共环境氛围相一致。核心地区和风貌区的街道家具应与环境色彩相融合，建议采用低艳度的色彩。

街道家具的色彩与所处的城市环境氛围与关。安静私密的环境推荐低艳度的街道家具。热闹活力的环境色彩选择范围可以适当宽松，选用高艳度的色彩。街道家具的色彩与所处的城市地域文化相融。因此在雄安新区设计街道家具时，应注意尽量使用雄安新区总色谱中的推荐颜色。这些颜色不仅具有一般的美学意义，而且暗含了地区的文脉色彩。

当街道家具与道路市政设施整合时，色彩设计上应以道路市政设施功能性、安全性为前提。架空线入地敷设，将路牌、信号灯、路灯、监控、天线等市政设施合并在多功能灯杆上；多功能灯杆的设计风格、尺寸、颜色应与周边建筑尺度、立面风格、材质、颜色相协调；设置多功能灯杆应注意与行道树和其他道路绿化的关系，做到不遮挡、不冲突、比例协调（图4-34）。

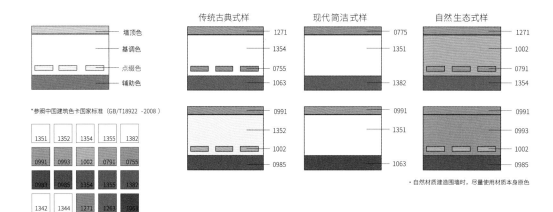

图 4-33　围墙配色建议

图 4-34　街道家具色彩控制示意图

5. 广告店招

　　广告店招是附着在建筑上的物品，构成街道印象的"第二道轮廓线"。广告店招丰富了街道空间层次的同时，也传达着商业信息。

　　广告店招位置可以分为屋顶广告、墙面平行广告、墙面垂直广告店招、围墙广告和墙面店招；按形式可以分为镂空式、非镂空式、电子屏、投影、贴膜等。在广告店招的色彩控制中，应引导各功能区的各类户外广告主色彩与功能区总体环境色调相融合，运用色彩量化方法，定出各功能区色彩的色相、艳度和灰度控制区间。

　　普遍原则：降低艳度，控制缩小鲜艳色彩面积。控制色相艳度和灰度空间。用暗灰色和暗稳色的边框去制约商铺企业识别色彩的面积。限制使用高艳度的 LED 灯牌等作店招，采用内置灯，店招照明在夜间不应有频闪晃眼的感觉。

　　在重点地区如风貌区等，店招应立项进行统一设计，且应与建筑立面色彩、店面装修和橱窗设计色彩相协调，采用装饰性、空透性、立体性等方式。

在一般地区，店招在推荐色调上可以适当放宽，体现商铺个性。广告物应与周围建筑和景观色彩保持协调，尽可能细化到数值指标，色彩控制采用的是色相与艳度指标：不同的色相对其艳度最大限度进行相应的规定（图4-35）。这样便可以保证城市的广告色彩都控制在一定艳度之下，不至于太花哨或太张扬，能够与环境色和建筑墙面的色彩相协调（表4-4）。

6.灯光照明

景观灯光色彩是城市夜晚色彩来源，应形成城市夜晚色彩的总体基调，并与所在区域的功能和建筑风格相协调。景观照明根据载体的性质、特点、材质的差异，对照明方式、色温、彩光和动态光等要素进行控制（表4-5）。

在景观照明色彩控制中，应遵循以下三点：景观灯光不得使用诸如艳度高的红色、绿色等，应使用柔和的颜色凸显需要灯光照亮展示的主体的轮廓、结构和本体色彩等；不得使用LED灯带，以及带闪烁的光源；店招店牌的照明灯光在夜间不应有频闪晃眼的感觉。

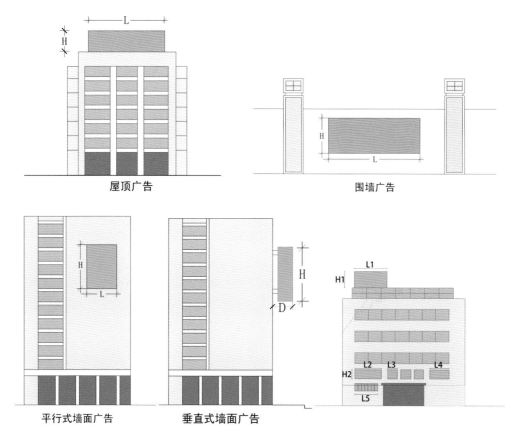

图 4-35　广告店招的位置示意及其建筑立面的比例关系示意

表 4-4　广告店招控制要素

类型	推荐配色	注意事项	示意案例
屋顶招牌	—	（原则上禁止）	
墙面标识（建筑物名称）	·底色：外立面色 ·文字色：白、米色、灰色、黑色等低艳度色；确保跟墙面有明确的明度差，看起来容易识别	设置在建筑物顶部位置的墙面的情况较多，由于对周边环境的影响较大，避免使用鲜艳的色彩	
墙面广告	·底色：色彩虽然自由，但是考虑到褪色等情况，艳度要控制在芒塞尔色系表中各色相最高艳度的 1/2 以下，原则上不可使用推荐色"彩"分区中的前三行色彩 ·文字色：自由	关于大型招牌，针对限定时间的墙面广告，作为演绎街道变化和兴旺感的要素很重要，但是需要非常细致的维护管理来保护景观整体；文字色、图像要与底色保证明确的色差	
带状标识	·底色：艳度要控制在芒塞尔色系表中各色相最高艳度的 1/2 以下，原则上不可使用推荐色"彩"分区中的前三行色彩；明度控制在孟赛尔色系表中 5 以下或 NOCS 色卡中黑色量 10 以上；不能使用照片、图片等 ·文字色：自由	在强化行人空间的连续性方面非常有效，但是配色的平衡感很重要；针对同一个底色，文字色最好也是使用一色，保持这种简约的配色比较好	
店铺标识	·禁止板状的招牌（推荐镂空字） ·底色、文字色：自由	与底层部分的开门处联合，平衡的设计和配色在诱导客人进店方面非常必要；以建筑物的意象为主角，与建筑物一体化的标识设计，在演绎街景兴旺繁荣方面也很有效果	

表 4-5　灯光照明类型及控制要素

类型	基本定位	照明方式	色温控制	彩光动态光控制
办公建筑	适当照明	金属铝板立面宜中高色温、投光为主，楼梯间可以采取自然的内透光；石材立面宜中低色温、投光为主。玻璃幕墙立面宜内透光为主，单一光色为宜	中高色温	不宜动态，不宜彩光
商业建筑	建议照明	商业部分采用内透光结合外部照明方式，可采用 LED 照明营造氛围	依据建筑风格选择色温	适度动态，适度彩光
文化建筑	适当照明	根据建筑特色、功能，采用多种照明方式，不宜使用饱和色	依据建筑风格选择色温	适度动态，适度彩光
综合建筑	适当照明	玻璃幕墙立面可采用内透光方式或突出幕墙框架的方式；重点表现顶部特征；石材立面宜采用投光照明方式；金属铝板立面注重表现建筑形态的细节	依据形态风格选择色温，玻璃幕墙建筑多以中高色温为主	不宜动态，控制彩光
教育建筑	适当照明	采用投光照明、内透光照明	一般采用中高色温；欧式风格的教育建筑宜采用中低色温	不宜动态，不宜彩光
科研建筑	适当照明	宜采用自然内透结合外部投光	中高色温	不宜动态，不宜彩光
体育建筑	建议照明	无赛事时采用整体投光或局部投光的方式；有赛事时配合不同赛事主题设置不同模式或光色	依据建筑理念风格选择色温	适度动态，适度彩光
医疗建筑	严格控制照明	建筑出入口及标识应适当突出	中高色温	禁止动态，禁止彩光
交通建筑	建议照明	宜采用整体投光或局部投光结合内透光的形式表现；机场、港口要严格控制溢散光	中高色温	不宜动态，控制彩光
住宅建筑	严格控制照明	可适当采用顶部、楼道等部位点缀照明	依据形态风格选择色温	宜动态，适度彩光

　　城市色彩涉及社会经济的方方面面，是城市空间逻辑的外在表现。雄安新区起步区是规划新建的综合性城市，城市结构可以分为组团、廊道、节点、门户、标志等空间要素，色彩规划运用色彩的语汇进行城市空间秩序的塑造，强化起步区沿南北轴线对称的空间韵律，刻画沿东西轴线组织的五个各有特色的城市组团，并在两轴交汇的方城组团，色彩与功能达到高度耦合。当然，并不是所有的城市色彩都需要强化和刻画，所谓"都是重点就没有重点"，城市中存在大约 80% 的地区是作为城市基调色存在的，这形成色彩规划中的"一般地区"。这些地区尽管通过通则进行管控，但依然必须遵循高度、规模、界面等空间要素在色彩方面的基本原则。

5

CHAPTER 5

第 5 章

容东城市色彩设计实践

声一无听，物一无文，味一无果，物一不讲。

——史伯

安新县刘李庄镇北冯村特色民居
翟浩 摄（2018 年 6 月）

容东片区的色彩设计与管控的主要目的是起到承上启下的作用。一方面，承接雄安新区整体色彩指引的基本原则和导向，落实雄安新区色彩指引的空间结构；另一方面，细化深化色彩设计和管理工作，以便于将雄安新区色彩指引的原则要求传递至建设管理过程中，并为下位环节的色彩设计和管理工作预留充分的弹性。

5.1
容东色彩的规划思考

容东片区是以生活居住功能为主的宜居宜业、协调融合、绿色智能综合性功能区，与新区总体规划对容城组团的功能定位保持一致，引领容城组团发展和功能提升，为起步区、启动区建设提供支撑和配套服务，为探索新区开发建设模式积累经验。

以安居乐业为目标，科学合理地确定住房总量，优化供应结构，高水平地建设基础设施，提供高品质公共服务，推进社区建设，打造良好营商环境，强化产城融合，构建多元并蓄、活力创新的宜居宜业新城区。

遵循协调融合发展的原则，强化与起步区、启动区、容城县城的空间、功能、设施等布局衔接，实现重大市政基础设施、生态廊道、河湖水系等贯通连接，使公共服务一体化，使产业错位发展，使城市风貌协调呼应，建设与周边片区设施互联、功能互补、风格协调、融合发展的先行区。

对容东片区的色彩设计与管控的主要目的是起到承上启下的规划传导作用。一方面，承接雄安新区整体色彩指引的基本原则和导向，落实雄安新区色彩指引的空间结构；另一方面，深化、细化色彩设计和管理工作，便于将雄安新区色彩指引的原则要求传递到建设管理过程中，并为下位环节的色彩设计和管理工作预留充分的弹性。

在进行容东片区色彩设计的思考时，首先需要梳理直接和相关的上位规划（图 5-1），在色彩设计时，落实整个雄安新区色彩指引中对本地区的色彩导向、色彩氛围等要求，承接容东片区相关规划对本地区的功能定位、功能结构、风貌引导、规划原则等的要求。其次，根据容东片区本地区自然环境特色、地区历史色彩特征等条件，深化本地区的色彩定位。在此基础上，承接相关规划中的城市设计结构、高度控制、视线控制等要求，对街区、重要的廊道、公共开放空间及标志性节点进行划分，形成容东片区色彩空间结构，并提出各要素的管控要求（图 5-2—图 5-4）。

图 5-1　容东片区规划结构图
资料来源：《河北雄安新区容东片区控制性详细规划》

图 5-2　容东片区土地利用规划图
资料来源：《河北雄安新区容东片区控制性详细规划》

图 5-3　容东片区建筑高度控制图
资料来源：《河北雄安新区容东片区控制性详细规划》

图 5-4　容东片区标识建筑引导图
资料来源：《河北雄安新区容东片区控制性详细规划》

5.2

色彩结构和配色类型

1. 色彩结构

　　根据容东的空间和功能特点，划分"两区、四廊、多节点"的色彩空间结构，色彩空间与城市结构高度耦合（图 5-5）。"两区"指城市宜居功能区（以下简称"宜"）和乡野居住功能区（以下简称"乡"）；"四廊"指中央生态人文公园及其引出的四条穿越城市片区的水系（以下简称"水"）；"多节点"指区域的地区中心节点（以下称"彩"和"天"）。

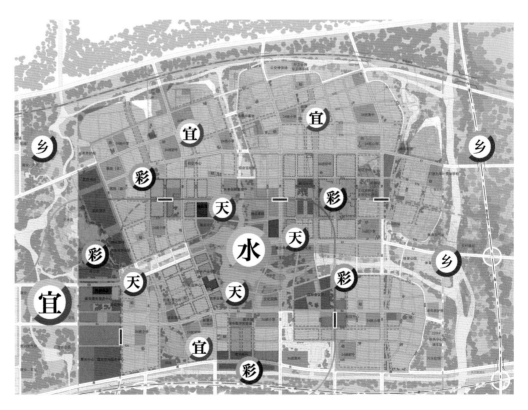

图 5-5　容东片区色彩空间结构图

2.配色类型

从容东总体层面，形成宏观鸟瞰视角的色彩总体印象。对城市重要廊道两侧的公共界面，必须进行协调和管控。根据公共空间或重要街道的等级、功能定位、界面的建筑功能、尺度等，来选取不同的配色类型。对形成天际线和地标性的建筑物，以及具有独特风格的节点，色彩管控以流程管理为主。居住区等一般地区是构建区域基调色的重要区域，应严格按照配色类型和施色通则，形成稳静、均宜的色彩形象（图 5-6）。

容东以配色类型 C 为主，通过暖色系类似色调调和的方式，营造新建回迁住区的宜居感受。当然，容东作为一个综合性社区，除了居住之外，还提供就业岗位和便捷的公共服务设施，因此，在这些城市节点和城市活动聚集的地方，局部辅助以配色类型 B、配色类型 D 与配色类型 E，分别运用类似色调和与突出色彩标志性的方式，更好地凸显色彩空间秩序。乡野空间主要以配色类型 A 为主，突出本土色彩特征。

3.演绎模式

在进行地块色彩设计的时候，为了在中景和近景层面增加景观的丰富性，让各地区的整体感、街景的变化给人更加深刻印象，在配色类型的基础上，进一步丰富建筑公共立面的点缀色。五类配色类型与四类演绎模式，通过不同的组合方式，创造出多元、多样、多变的城市景观界面。

图 5-6　容东城市色彩规划总平面图

演绎模式Ⅰ：局部使用新材料

通过玻璃、金属等建筑新材料的组合，演绎出符合现代街景的氛围。将"浅一、中一、深一"等沉稳的低艳度色作为基调，配合行人视线积极使用新材料自带的点缀色，增加视觉的丰富度。这种演绎模式一般运用在公共服务设施的底层空间，适合于小范围施色（图5-7）。

演绎模式Ⅱ：巧用本土材料

利用本土材质，以及本土材质本身自带的色彩微差，形成统一中的细微变化，配合行人的视线使用烧砖、烧砖陶板，演绎容东片区色彩的和谐感。尝试在烧砖、烧砖陶板的贴合方式上下功夫，打造光影带来的奇妙视觉印象（图5-8）。

演绎模式Ⅲ：点缀高艳度色彩

针对底层商业办公立面的涂刷方式，增加视觉活跃度和参与感。与建筑基调色"浅一、中一、深一"等沉稳的低艳度色组合，配合行人的视线展开"中三、深三"及"彩"等富有色感的色彩，演绎出街景变化感的同时也演绎出街道的活力和繁荣，打造张弛有度的色彩印象（图5-9）。

演绎模式Ⅳ：透明反光色彩

在现代城市设计和建筑设计过程中，玻璃等透明反光材料的运用是不可避免的。玻璃立面应避免高艳度着色玻璃，以及大面积的冷色系玻璃。玻璃能够烘托出天空的色彩，以及反射周边城市景观。高反射率的玻璃幕墙会给周围景观造成负面影响，应慎重选择。近年来，市面上

图5-7　色彩演绎模式Ⅰ示意图　　　　　　　　　图5-8　色彩演绎模式Ⅱ示意图

可以选择的玻璃幕墙的材料较多，在建筑设计时，需要在透光率、反射率、节能性等方面做出取舍和抉择。

　　透明浮雕板玻璃的透明率高、反射率低，但在建筑节能方面的表现不甚理想；低反射率玻璃在保持透光率的同时，兼具隔热、节能和遮蔽紫外线的功能；吸收红外线玻璃的透光率比前两者较低，但比反射红外线玻璃高，在节能和实现控制方面的表现较好；反射红外线玻璃具有近似镜子的反光效果，人工痕迹非常强，在近自然的色彩印象区域，需要非常审慎的比选；组合玻璃在多层玻璃中夹有层膜，膜的色彩决定了玻璃幕墙的色彩（图 5-10）。

图 5-9　色彩演绎模式Ⅲ示意图　　　　　　图 5-10　色彩演绎模式Ⅳ示意图

5.3

分区色彩和特色塑造

1. 中央生态人文核心（金湖公园）

　　金湖公园周边地区（图 5-11）以明亮的白色系为基础，形成高品质、有活力、步行愉悦的街景。通过建筑底层的积极演绎，形成能感受到城市活力繁荣的街景。基调色选择明亮的色调，营造水边的开放氛围。当选择无彩色或冷色时，点缀色很容易与水边的景观协调，可以产生更明亮和清新的印象（表 5-1，图 5-12—图 5-14）。

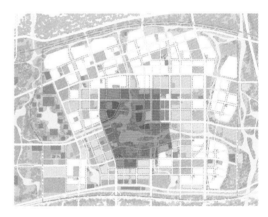

图 5-11　中央生态人文公园区位图

表 5-1　金湖公园周边城市立面色彩设计导则

形态设计	形态设计方面要避免在周围环境中过度突出，达到与周边的自然和环境调和；屋顶或室外部分设置时，与建筑物做一体化的设计，注意跟周围的关系；力求与周边建筑群的天际线调和，避免过于高的建筑物出现
材质	特别要在人眼可及的基座部分（1～3 层左右）积极使用天然石材、花砖等质感丰富的素材；大面积使用玻璃的时候，避免使用高艳度的玻璃；但是如果小面积使用彩色玻璃，并且在充分考虑到了对周边环境影响的情况下，是可以接受的；原则上一栋建筑物上使用的天然石材要在 2 种以内；在使用多种石材的时候，注意主要类别的石材要跟其他种类在形状、面积上有所不同，注意不要过于均一化；以涂装为主的时候，为防止污垢变得明显，要避免使用平滑的大面积涂装方法；需要在墙面上做凹凸处理，设计墙角线等，注意下功夫打造出自然的阴影感
色彩	参照推荐色、推荐配色、推荐建材，形成建筑物整体的调和、与周边景观的调和；大面积墙面避免使用单色，按照建筑物的形态做色彩（建材）的区分，注意不要过分强调建筑物的压迫感和厚重感；两色以上组合的时候，以互相配合的色相为基本配色，利用深浅的对比

推荐外立面基调色的范围

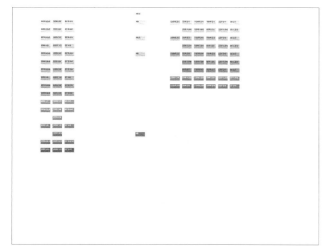

推荐外立面辅助色的范围

推荐外立面点缀色的范围

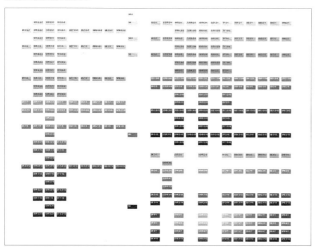

推荐屋顶色（坡屋顶）的范围

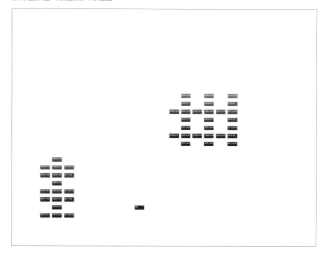

推荐屋顶色（平屋顶）的范围

图 5-12　金湖公园周边城市立面推荐色范围

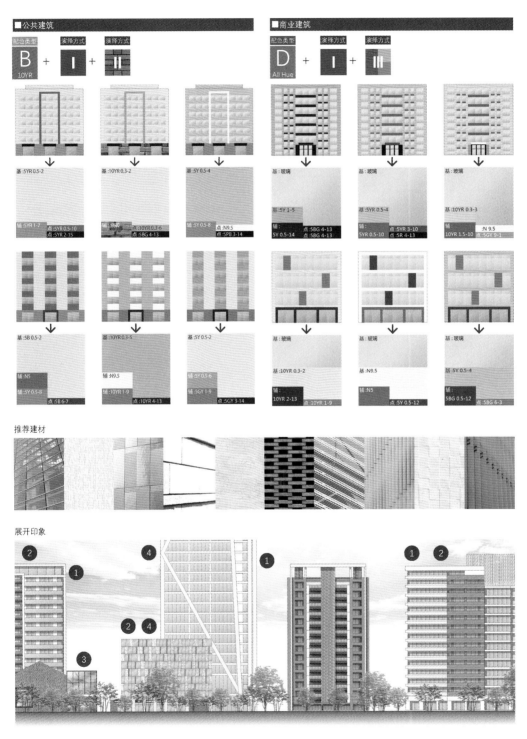

1—建筑物的基调色以暖色系高明度色为基础；2—用配色的方式减轻单调感；3—距离行人视线较近的底层部分使用质感丰富的材质；4—尽量使用透光度高的玻璃

图 5-13　金湖公园周边城市立面配色类型

图 5-14　金湖公园周边城市立面配色演绎模式示意

2.地区中心

容东内部的三个地区中心，以及悦容公园东侧的地区服务中心（图 5-15），以暖色系、低艳度色为基础，形成沉稳的、有亲切感的街景；建构精练的、有活力的、步行愉悦的景观；配置丰富的绿植和室外空间，形成有湿润感的景观（表 5-2）。通过部分白色、深灰色、黑色等色差和亮度对比，可以产生对比较强的外观。通过点缀色、基调色和色差的清晰色彩，演绎出华丽的特点。建筑物的基调色以暖色系

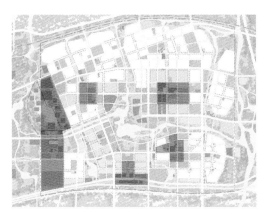

图 5-15　地区中心区位图

为基础，通过配合设计意图做涂墙，区分使用不同材质等方法，演绎出适度的变化，以免造成单调的景观；距离行人视线较近的底层部分、入口周围等处，积极使用质感丰富的花砖、石材等素材；为避免明亮的单色造成单调的印象，在装饰柱、百叶窗、地脚做设计，演绎出表情丰富的外立面（图 5-16—图 5-18）。

表 5-2　地区中心色彩设计导则

形态设计	形态设计方面应避免在周围环境中过分突出，达到与周边的自然和环境调和；屋顶或室外部分设置有设备的时候，与建筑物做一体化设计，注意跟周围的关系；力求与周边建筑群的天际线调和，避免出现过高的建筑物
材质	高层建筑物时，特别要在人眼可及的基座部分（1～3 层左右）积极使用天然石材、花砖等质感丰富的素材；避免使用高艳度的玻璃；但在充分考虑了对周边环境影响的情况下，可以小面积地使用多色玻璃；避免大面积使用高光泽度的金属、花砖等材料；原则上一栋建筑物上使用的天然石材要在 3 种以内；在使用多种石材的时候，注意主要类别的石材要跟其他种类在形状、面积上有所不同，注意不要过于均一化；以涂装为主的时候，为防止污垢变得明显，要避免使用平滑的大面积涂装方法；需要在墙面上做凹凸处理，设计墙角线等，注意打造出自然的阴影感
色彩	参照示意的推荐色、推荐配色、推荐建材，形成建筑物整体的调和、与周边景观的调和；大面积墙面避免使用单色，按照建筑物的形态做色彩（建材）的区分，注意不要过分强调建筑物的压迫感和厚重感；做两色以上组合的时候，以互相配合的色相为基本配色，形成深浅的对比

推荐外立面基调色的范围

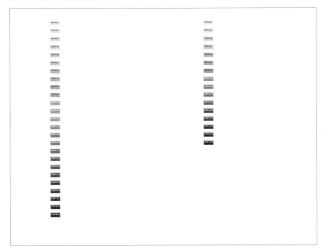

推荐外立面辅助色的范围

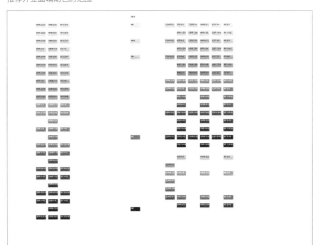

推荐外立面点缀色的范围

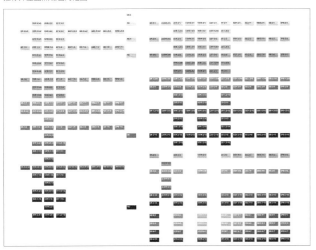

推荐屋顶色（坡屋顶）的范围

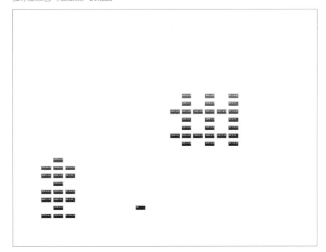

推荐屋顶色（平屋顶）的范围

图 5-16　地区中心推荐色范围

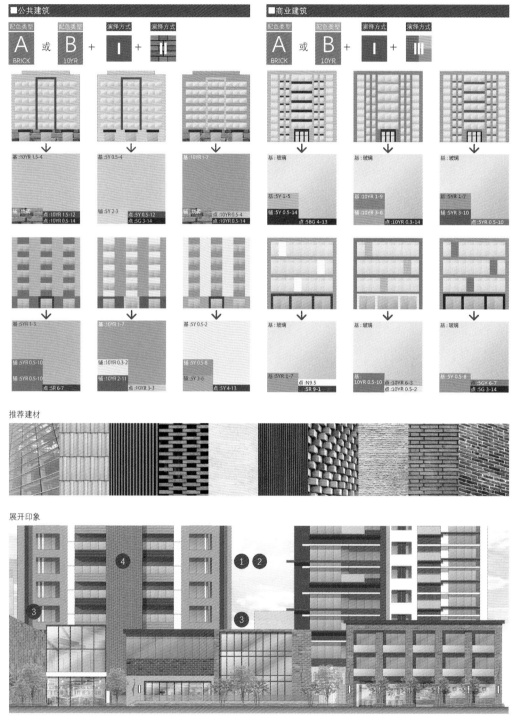

1—建筑物的基调色以暖色系为基础；2—用配色的方式减轻单调感；3—距离行人视线较近的底层部分使用质感丰富的材质；4—打造有阴影的外立面

图 5-17　地区中心配色类型

图 5-18　地区中心配色演绎模式示意

3.地标建筑

地标建筑构成了地区中心的核心（图 5-19），以明亮的白色系为基础，形成有气节品质、精练、繁荣、有活力、步行愉悦的街景；通过在建筑的底层积极演绎，形成能感受到城市活力繁荣的街景（表 5-3）。建筑物的基调色以暖色系、高明度色为基础，建筑物外立面的基调色以高明度色为基础，提高地标性的同时，演绎出城市的开放感。用配色的力量减轻单调感，通过配合设计意图做涂墙的区分、使用不同材质等方法，演绎出适度的变化，以免造成单调的景观。距离行人视线较近的底层部分、入口周围等处，积极使用质感丰富的花砖、石材等素材。积极使用无着色的玻璃，演绎出水边明亮开放的氛围（图 5-20—图 5-22）。

图 5-19　地标建筑区位图

表 5-3　地标建筑色彩设计导则

形态设计	形态、设计意象方面充分利用地标性的高度，以地标性的设计和轮廓为基础，在中景、远景层面给人深刻印象；屋顶或室外（墙面）的设备等不能露出；由于高度上比周边建筑物都突出，所以要着重考虑远景层面的天际线，要从多个观测地点和角度充分验证后才能打造出美丽的造型；预计中、高层部分是以玻璃为主的平坦表面，可以通过错位的立面、建筑物的体量、造形做设计
材质	特别要在人眼可及的基座部分（1～3 层左右）积极展开天然石材 / 花砖等质感丰富的素材；避免使用高艳度的玻璃；但是如果是小面积使用多色，并且在充分考虑对周边环境影响的情况下，可以使用；原则上一栋建筑物上使用的天然石材要在 2 种以内；在使用多种石材的时候，注意主要类别的石材要跟其他种类在形状、面积上有所不同，注意不要过于均一化；在底层部分，通过素材的凹凸和堆砌等方式，打造出自然的阴影
色彩	做两色以上组合的时候，以互相配合的色相为基本配色，利用深浅的对比；避免使用鲜艳的涂装色，要加色感的时候以花砖等质感丰富的素材为基础

推荐外立面基调色的范围

推荐外立面辅助色的范围

推荐外立面点缀色的范围

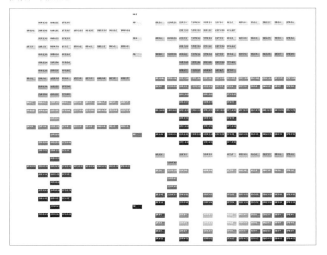

推荐屋顶色（坡屋顶）的范围

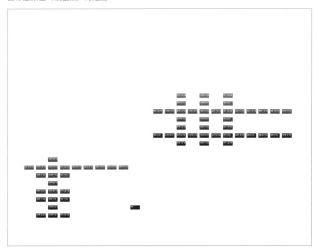

推荐屋顶色（平屋顶）的范围

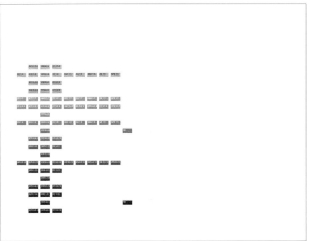

图 5-20　地标建筑推荐色范围

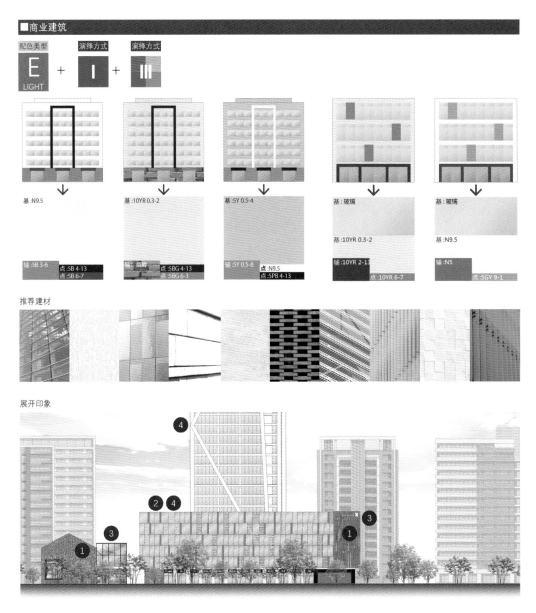

1—建筑物的基调色以暖色系、高明度为基础；2—用配色和分节减轻单调感；3—底层部分使用质感丰富的材质；4—使用无着色玻璃，演绎水边明亮开放的氛围

图 5-21　地标建筑配色类型

图 5-22 地标建筑配色演绎模式示意

4. 宜居社区

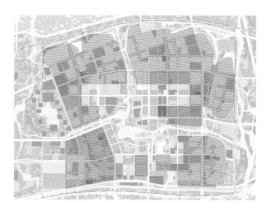

图 5-23 宜居社区区位图

宜居社区（图 5-23）以暖色系、低中艳度色为基础，形成沉稳的、有亲切感的街景，形成充满多样性变化、活力感，步行愉悦的景观，配置丰富的绿植和室外空间，形成有湿润感的景观（表 5-4）。积极选择与基调色同色相的辅助色，来演绎出对比明显、张弛有度的外观。点缀色选择与基调色有明确色差的色彩局部展开，来演绎出对比明显、张弛有度的外观。选择控制明度和艳度的色彩作为点缀色或以点缀色展开，可以演绎出沉稳大气精练的氛围（图 5-24—图 5-26）。

表 5-4 宜居社区色彩设计导则

形态设计	形态设计应避免在周围环境中极为突出，达到与周边的自然和环境调和；屋顶或室外部分设置有设备的时候，与建筑物做一体化的规划，注意跟周围的关系；力求与周边建筑群的天际线调和，避免过高的建筑物出现
材质	避免使用高艳度的玻璃；避免大面积使用高光泽度的金属、花砖等材料；花砖以控制艳度的品种为基础，表现出沉稳大气和特有风格；以涂装为主的情况，使用控制光泽度的涂料、真石漆等；原则上一栋建筑物上使用的天然石材要在 2 种以内；在使用多种石材的时候，注意主要类别的石材要跟其他种类在形状、面积上有所不同，注意不要过于均一化，差异性要明显；特别在建筑的底层部分，利用素材表面凹凸处理、设计墙角线等，打造出自然的阴影感
色彩	参照示意的推荐色、推荐配色、推荐建材，形成建筑物整体的调和、与周边景观的调和；大面积墙面避免使用单色，按照建筑物的形态做色彩（建材）的区分，注意不要过分强调建筑物的压迫感和厚重感；做两色以上组合的时候，以互相配合的色相为基本配色，形成深浅的对比

推荐外立面基调色的范围

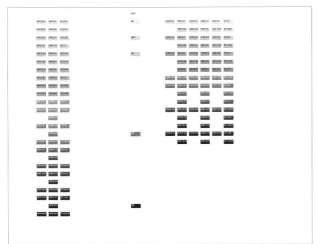

推荐外立面辅助色的范围

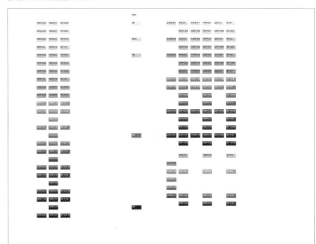

推荐外立面点缀色的范围

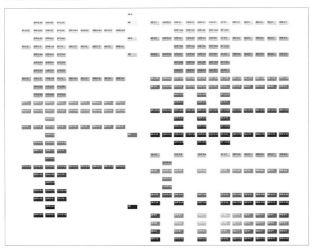

推荐屋顶色（坡屋顶）的范围

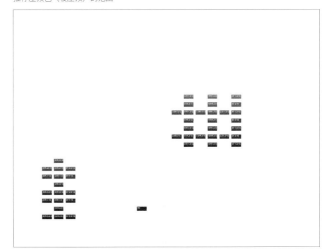

推荐屋顶色（平屋顶）的范围

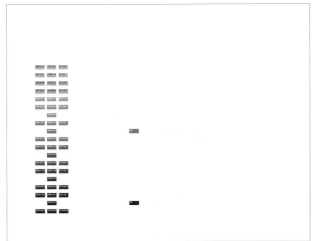

图 5-24　宜居社区推荐色范围

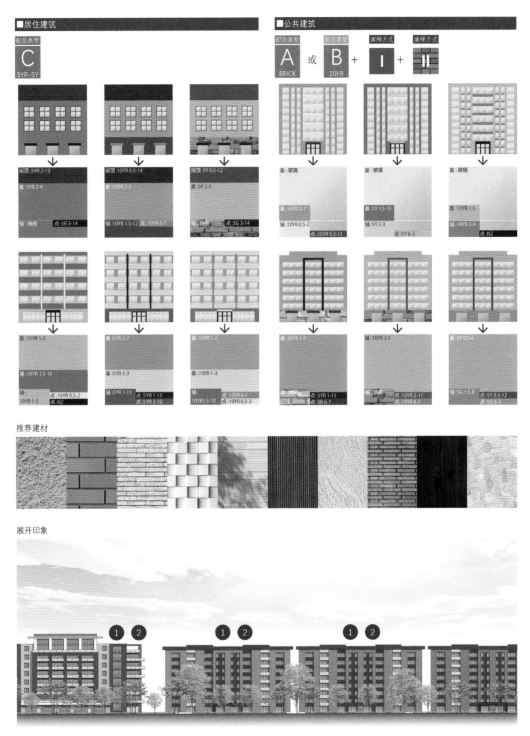

1—建筑物的基调色中、低明度为基础；2—用配色的方式减轻单调感

图 5-25　宜居社区配色类型

图 5-26   宜居社区配色演绎模式

5. 乡村地区

　　乡村地区传承当地传统建材，传承传统的素材、工法、技法，形成本地独有的、有趣味的景观（表 5-5）。外墙材料采用传统材料，如烧砖、屋顶瓦和木材，通过材料的质感变化给人留下深刻印象。积极使用深红色、蓝绿色、绿色的住宅门和窗框，继承传统建筑特色。建筑物外立面材料以烧砖、石材等既存建材为基础，演绎出雄安地区特色；积极展开点缀色，既存的村落中常见的绿色和青绿色可在门窗上使用，门上使用控制艳度的红色；距离行人视线较近的建筑物正面、入口周围等处，尽量避免使用人工素材。积极使用质感丰富的烧砖、石材、木材、布等素材，这些素材都会随着时间的变化而增加历史的深度和内涵（图 5-27、图 5-28）。

推荐外立面基调色的范围

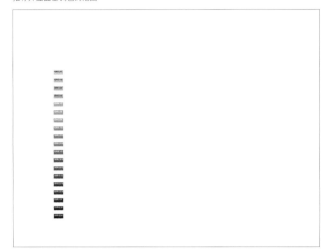

推荐外立面辅助色的范围

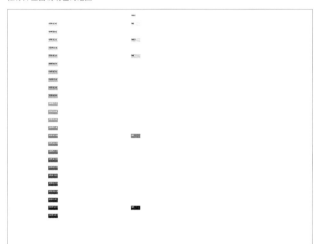

推荐外立面点缀色的范围

推荐屋顶色（坡屋顶）的范围

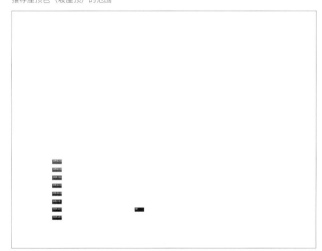

推荐屋顶色（平屋顶）的范围

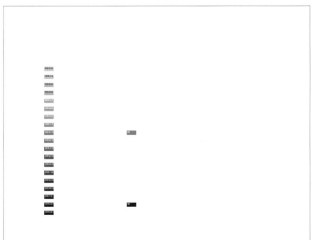

图 5-27　乡村地区推荐色范围

表 5-5　乡村地区色彩设计导则

形态设计	形态设计方面避免在周围环境中过于突出，达到与周边的自然环境调和；屋顶或室外部分设置有设备的时候，不能露出；不得不在外部设置的时候，选择跟外立面相同的材质将设备包裹，达到与传统设计意象和构造相符合的修景要素
材质	使用玻璃的时候，禁止使用着色玻璃；避免使用高光泽度的金属、花砖等；原则上一栋建筑物上使用建材要在两种以内；在使用多种建材的时候，注意主要建材类别要跟其他建材在形状、面积上有所不同，不要过于均一化；原则上门窗使用木材，不得已使用其他材料时，不能使用高光泽度的金属，或者未处理表面的带有金属质感的建材（铝制表面、不锈钢镜面等）
色彩	参照示意的推荐色、推荐配色、推荐建材，实现建筑物整体的调和、与周边景观的调和；为了让天然石材、烧砖之间的自然色差、形状形成更好的效果，在贴合方法、堆砌方式、线条的宽度和深度等方面要注意按传统意象的设计，在木质门窗上采用地域传统色、绿色和青绿色；注意不能超过推荐色的艳度；做两色以上组合的时候，以互相配合的色相为基本配色，形成深浅的对比

■居住建筑

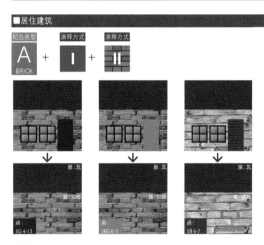

推荐建材

展开印象

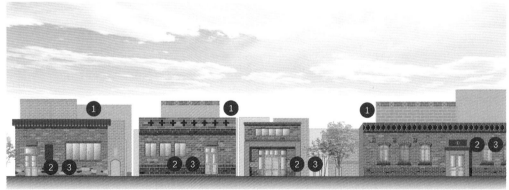

1—外立面和屋顶建材原则上使用既存的建材；2—积极展开点缀色；3—距离行人视线较近的底层部分使用质感丰富的材质

图 5-28　乡村地区配色类型和演绎模式

　　容东是雄安新区"一主五副"的重要组成部分，也是新区先行先试规划建设的区域。延续起步区色彩空间思考方式，容东的色彩从城市空间结构和功能出发，在配色类型 C 的基础上，在重要节点处通过叠加四类色彩演绎模式，加强色彩结构的秩序感。在此基础上，细化底层空间施色策略，因地制宜形成四种色彩演绎模式，进一步激发人视维度的色彩活力。在功能片区层面，通过色彩导则、推荐色及配色类型和演绎方式的递进，进一步指导下一级地块层面的色彩设计，也为建筑色彩的选择留有弹性和余地。

6

CHAPTER 6

第 6 章

建构城市色彩规划体系

从完整意义上讲，城市就是艺术，是剧场，甚至就是文化本身。

—— 刘易斯·芒福德

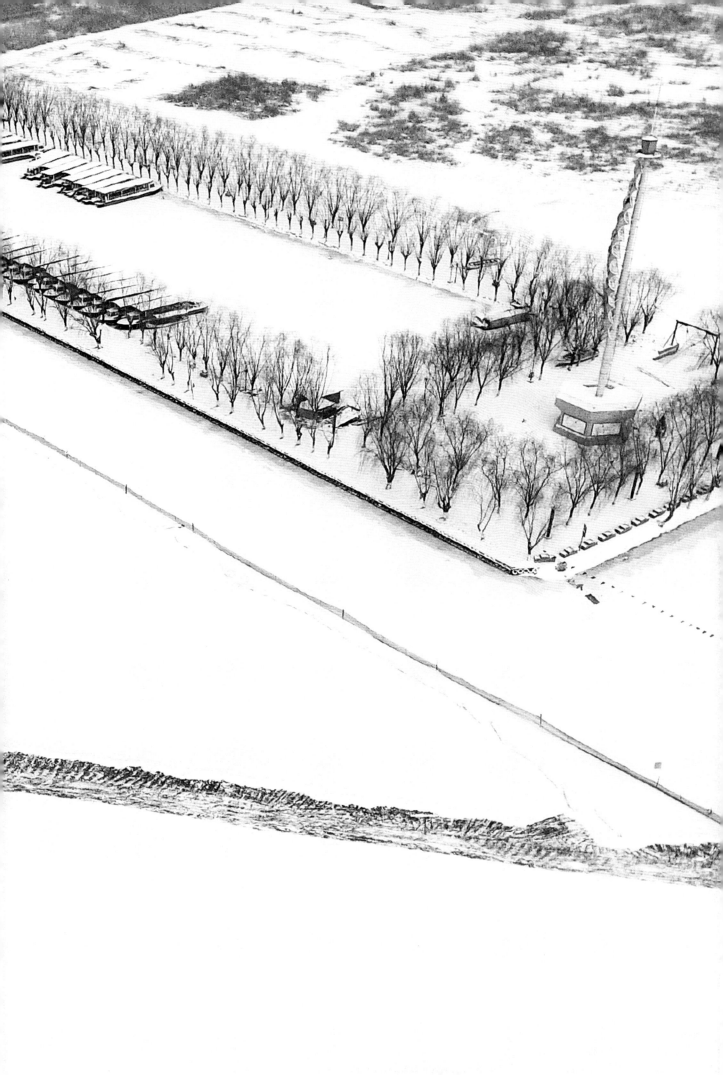

色彩是客观存在的，但色彩感知是主观的。城市色彩具有传递城市精神、展现城市品牌、体现城市品质的重要作用，对影响民众的美学感官起到潜移默化的作用，对持续提升城市风貌和城市品质具有长远的意义。蔡元培先生提出"美育兴国"的理念，力求国家风尚能以兼容并包，融合中西，承继传统，创造当代的美育体系。其中包含了两个方面：一方面，美是文化的一部分；另一方面，美育可以提升全民对美的感知和理解。

6.1
城市色彩的感性理想与理性路径

1. 城市色彩的主观表达

美，即美感，色彩之美带有强烈的感性特质，需要通过感性的方式传达给公众。城市色彩研究的最终目标是营造令人愉悦的城市色彩环境。从根本上说，城市色彩的理想是基于城市文化模式之上的，是文化意义上的对于城市色彩环境的追求，是一座城市对生活品质所持的态度，是城市文化的延展表达。城市色彩的艺术表达方式包括表达艺术和沟通艺术。

表达艺术

通过对城市色彩的判断和取舍，从纷繁复杂的城市色彩环境中提取关键性要素，并与城市文化、历史、生活、审美进行耦合，最终串联起城市色彩的思想链条，运用表达艺术的方式，呈现给广大非专业人士。这个过程不仅是感性的艺术逻辑思维，更是艺术与技术的结合过程，对城市色彩研究者、规划设计师、管理者提出了跨多专业的高要求。

语言表达是基于文学性，强调逻辑性、创意性、心理层面的综合表现艺术，强调对不同受众或不同目的采取不同语言组织策略，从而取得最佳表达的效果。在色彩愿景、区域色彩印象的表达，以及描述色卡和色彩地图时，也要让非专业人士迅速、准确、清晰地接受色彩意象，并通过语言传达拓展一定的想象情境空间。色彩语言表达考验专业人员的色彩知识、艺术修养、鉴赏能力、文学修养，以及对公众接受程度的精确判断。

沟通艺术

对城市色彩来说，沟通艺术是信息发布、交流讨论、获取民意的重要方式。城市色彩具有很强的社会性，关系到社会的集体记忆和共同审美。因此，城市色彩研究需要借助一系列的社会学方法，如问卷调查、访谈、圆桌会议、意见征询等，了解人群结构对色彩的认知和偏好，理解城市色彩的社会属性，解析城市色彩结构的子系统和复杂程度。通过各种渠道获得色彩信息，需要通过一定的梳理、整理、简化的方法，融入色彩研究之中。

另外，通过浅显、科普的方式讲解和宣传城市色彩的相关知识，如建设"城市色彩中心"，明晰高品质和低品质的城市色彩原理，提升民众的色彩意识和审美水平，也是非常重要和有效的方式。

2. 城市色彩的客观规律

城市是复杂的巨系统，附着在城市物质形态上的色彩是复杂的子系统。如果研究仅仅停留在感性的片段，那么对城市色彩的研究就会停留在雾里看花的表象层面。一来难以把握城市色彩的全貌，尤其面对超大城市的尺度和复杂度的时候；二来无法进行色差质量的客观评价，形成问题导向型的超大城市色彩规划的研究基础。

因此，在城市色彩作为科学研究对象时，需要用科学理性的技术方法，分解、剥离和分析城市色彩环境，构建明确的价值理性和系统的工具理性，将复杂的、感性的城市色彩进行抽象化、数据化、图示化，以把握超大城市色彩的全貌。

价值理性

城市色彩的价值理性是基于公众审美机制体系上的城市色彩认识论，也是把城市感性理想转化为理性目标的方法论，是为城市色彩的感性理想建构理性坐标。

城市色彩具有很强的公共性，寻找城市色彩作为城市公共艺术的价值取向，不仅要借助上文提到的公共参与，更重要的是探讨适宜、直观、顺畅的讨论平台，为色彩制定符合公众审美的判断，以价值理性引导城市色彩环境的优化。当然，理性价值并不是要限制城市色彩的特色与个性。对城市色彩环境特殊性的发掘和汲取，既可以为城市建构理性价值体系，又能够吸纳具有个性特征的色彩取向。

工具理性

价值理性的实现，必须以工具理性为前提；工具理性是为价值理性服务的；两者是不能割裂的。工具理性是通过实践证明的有用的工具（手段），达到效果最大化的目的，所以"工具理性"又称为"功效理性"或者"效率理性"。

通过合理的技术手段，对城市色彩进行分类、解析城市色彩环境、梳理城市色彩现状，分析城市色彩的空间结构和特征，阐述色彩环境之间的关联，都需要选取合理的研究工具。经历了长期发展，色彩学已经在色差分类、解析元素、色谱测量和绘制等方面奠定了扎实的理论和实践基础。但是不能否认的是，在面对超大城市的时候，研究对象尺度、数量和结构的多元化和复杂化，给传统的色彩学工具带来了新的问题，雄安新区需要突破学科的传统思维和做法，掌握新的研究工具，提升研究效率和准确性。

6.2
大数据助力城市色彩长效管控

随着雄安新区建设工作的展开，利用带有地理信息的城市街景影像数据与计算机学习算法，高效绘制并定时更新"城市色彩地图"与色彩数据库，有助于雄安新区城市色彩的长效化管理。

1.图片分割

根据街景图片的内容，使用计算机深度学习算法，动态分析街景中的空间元素，识别出建筑、植栽、行人、交通工具、街道家具、店招店牌等不同元素，给不同的图形赋予属性标签，进行标记。通过场景分割（Scene Parsing）将街景影像中的建筑公共界面部分单独切割出来（图 6-1）。建筑公共界面的色彩是人工环境色最重要的组成部分，构成超大城市的基调色。

通过统计每个位置上建筑在整个视野中的占比，构成"建筑视野率"。通过筛选有效数据，剔除视野中建筑比例过低的数据，作为下一步建筑色彩分析的基础数据库。

图 6-1　街景照片的图像切割

2. 色彩还原

　　图像显示中最常用的色彩显示方式为 RGB 混色模式，RGB 色彩空间体系通过对红（R）、绿（G）、蓝（B）三个颜色通道的变化以及它们相互之间的叠加得到各式各样的颜色。但是RGB 模式最大的局限性，在于对不同光照条件下的色彩呈独立不相关状态，无色彩还原能力。同样的原理还适用于 CMYK 混色模式。

　　HSV 色彩模式是基于色相（H）、艳度（S）和明度（V）的色彩空间模式。HSV 模式中色彩的连续性强，具有较好的色彩还原可能性（图 6-2）。运用自动白平衡（AWB）算法，对50% 中性灰在各个色温下的色彩表现进行预处理，对 HSV 色彩通道进行矫正，获得红色增益（Rgain）和蓝色增益（Bgain）参数，拟合色彩偏移矩阵，对图像进行处理，使得所有街景图片还原到不受光线影响下的情况，使得照射于不同光线下的海量图片具有可比性（图 6-3）。

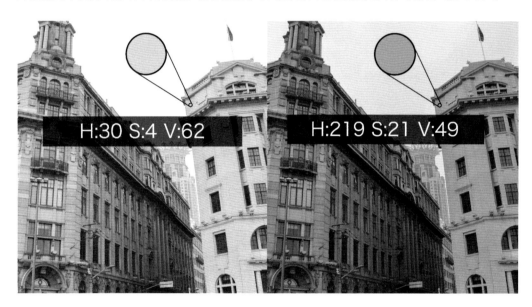

图 6-2　在不同光照条件下的图像 HSV 数值差异

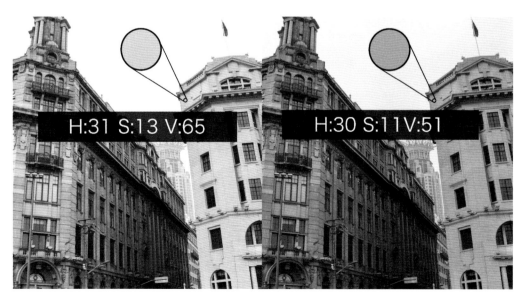

图 6-3　图像经 AWB 还原后的 HSV 数值

3. 图像基调色的获取

在进行了图片数据切割和色彩还原后，按照像素进行色彩解析，统计每一张图片的色相、艳度和明度在色立体中的坐标向量。运用和中位切分算法（median-cut algorithm），获取每张图片基调色（图6-4）。

中位切分算法是将图像中的色彩看作是色彩空间中的矩形（VBox），图像的切分使得到的两个矩形所包含的像素数量相同，重复上述步骤，直到最终切分得到矩形的数量等于图像色彩数量为止。选出"矩形面积 × 包含像素数"最大的矩形，将其代表的 HSV 色彩值作为该图像的基调色。

图 6-4　通过中位切分法获取图片基调色

4. 区域基调色的总结

在雄安新区范围内，以 20 米 ×20 米为网格，按照图像的地理信息对数据进行进一步归纳，计算每个网格代表的区域内的基调色。通过 k 均值聚类算法（k-means clustering algorithm），将网格区域内的基调色进行离散点聚类，将色相、艳度和明度三个变量分别进行聚类，形成三个聚类中心点，最终形成一个 HSV 值，即网格区域内的基调色。在雄安新区地理空间上进行可视化处理，形成"城市色彩地图"，反映新区时时城市色彩的现状。进而可以与 BIM 系统中的城市色彩规划和设计方案进行比较，便可以发现其中的差异，进而进行原因分析和色彩辨析，从而把色彩工作做细做实。

6.3

图则式管控城市色彩实践

1. 分层分区管控城市色彩

城市设计通过对场所进行定义，为其赋予空间结构和形式。色彩通过光，通过人们对场所的知觉，形成城市环境的视觉感受和心理影响。因此，城市色彩不能脱离场所单独存在，城市色彩的规划和设计也不能脱离空间规划自成体系。随着城市管理的精细化进程，城市色彩被纳入城乡管理体系，作为空间管控要素的重要组成部分，对规划师、设计师、建设者和管理者来说，都是必须要迈出的一步，色彩也是将多方纳入一个话语体系、进行开门开放做规划的直观平台。

将城市色彩引入雄安新区的城乡规划中，可以分为宏观、中观、微观三个层级。以突出特色为思路，逐级提领雄安新区城市色彩的特色区域和关键要素。在宏观层面上分为三个层次：一是通过《雄安新区城市色彩规划指引》，从色彩角度承接城市定位要求，明确新区区域色彩空间结构，衔接"城镇单元""郊野单元"和"淀泊单元"，划定"都市色彩单元""郊野色彩单元"和"淀泊色彩单元"三大类色彩控制区；二是划示城市色彩分区，明确"重点区域"和"一般区域"；三是其他分类城市色彩专项规划，如交通设施、景观绿化、广告店招、公共设施等，在雄安新区色彩规划提出的目标和原则指引下，由相应的委办局开展专项规划研究和编制。

在中观层面上，控制性详细规划是落实宏观层面色彩规划的重要载体。以"色彩单元"为单位，重点地区结合城市设计进行独立的色彩设计，落实上级的色彩重点控制要求，纳入城市设计图则，并在"雄安色卡"的基础上，制作地区专用色卡，指导后续建设。在一般区域内，采取通则式管控，纳入一般图则。

在微观层面上，要在建管层面落实上位规划和设计要求，将色彩管控要求纳入土地出让协议中。重点区域按照控详图则、地区专用色卡，进行全生命周期管控；而一般区域按照通则对城市色彩进行引导。

2. 色彩单元的划分

在色彩规划中对起步区内的各类色彩分区进行细分，划定色彩单元，本次色彩分区的边界确定原则如下：（1）衔接上位规划的功能版块边界；（2）反映色彩现状特征的同质性；（3）规模大小适宜整体设计与管理；（4）国内外城市色彩分区规模多在 1～5 平方公里。基于此，起步区规划范围内划分为 23 个色彩分区。

每一个色彩单元里都包括色彩核心区域和协调区域，核心区域指集中商务区、商业区等（图6-5）。针对每一个色彩单元，明确所涉及的控规单元编号，提出色彩定位，并对色彩的活跃度、连续度等指标进行引导。在下位规划中，应对色彩单元结合城市设计进行专项设计，将管控要素纳入控规编制，同时制定地区专用色卡。

位于核心的色彩单元，呈现中轴对称的特点，与"以礼制营城"中国传统特色相呼应，应使用较为大气、端庄、温暖的色调。近邻核心色彩单元功能以商务办公、科技创新为主。色彩应以稳重的高明度、暖色为主，点缀中高艳度的暖色。色彩使用经典米咖色、多彩暖灰。滨水的色彩单元依绿傍水，功能多元混合，色彩建议以高明度、低艳度的色调为主，辅以生动、明快的冷色调。色彩使用明快暖灰，生态灵动。

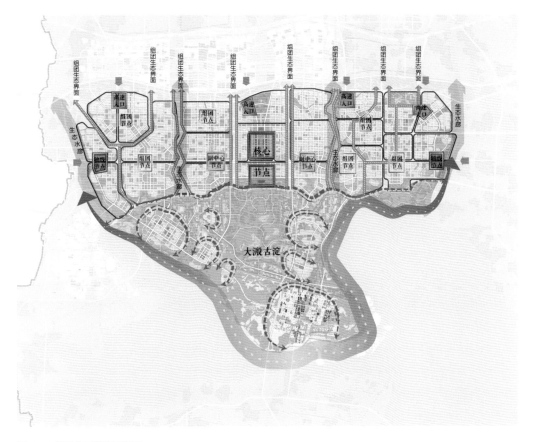

图 6-5　色彩单元划分示意图

3. 分区色彩设计流程与管控方法

重点地区色彩设计是城市设计的一部分，应形成与城市设计紧密结合的色彩设计流程与方法，从而明确重点地区色彩设计流程与管控方法，并以启动区的高铁片区为示例进行说明。

梳理上位规划要求

梳理上位规划对本地区色彩的指引要求。以启动区的高铁片区为示例，该片区南部总部、金融、高端服务业集聚区，结合高铁城际站点和东西轴线功能，是未来雄安新区的城市中心之一，聚焦体现新时代城市核心功能特征。中部创新产业集聚区，聚集国家中小型科研院所、创新创业产业和众创空间，体现创新、活力，打造与之相匹配的特色街道空间肌理、配套服务功能和空间环境氛围。色彩定位为舒雅暖灰、炫彩葱郁。色彩引导为创造清新明亮的空间环境，色彩总体宜淡雅明快，站点周边可多元协调。

开展现状色彩评估工作

通过色卡比对、色温枪测试等多种技术手段开展实地调研，提取现状色彩与主要材质特征，形成现状评估结论。若无现状可采用色彩规划指引总图中的色调作为基础色调。

深化色彩定位，构建色彩空间结构

在新区色彩指引的基础上，进一步深化地区色彩定位。通过构建地区色彩空间结构，一方面指导地区色谱制定，另一方面明确需要详细色彩设计的结构性要素。路径、节点、标志、边界、区域城市意象中的五要素，是人们感知城市环境的主要媒介，是城市设计也是色彩设计的重要空间对象，应纳入色彩空间结构进行表达。启动区的高铁片区的色彩定位是舒雅暖灰、炫彩葱郁。在色彩空间结构中划定色彩核心区和色彩过渡区等不同区域，分别制定色谱方案；主要色彩廊道、开放空间节点作为重要的结构性要素，开展详细色彩设计。

色彩核心区是地标及商务建筑集中聚集的区域，应进行全要素重点设计和严格管控，着力塑造本区域特色和城市的标识性。色彩外围区以研发和居住建筑为主，作为城市的基底，应使用连续度较高、艳度较低的色彩，体现和谐均质的背景风貌，烘托核心建筑。主要色彩廊道是人流量大、公共活动活跃、展示城市风貌的街道，以体现连续性和人性化为主，重点管控首层空间和色彩。东西向主轴线色彩以暖色为主，在色彩相对连续的基础上可有适当的跳跃性的色彩进行点缀。

色彩过渡界面主要指临水、临路和临大型公园绿地的沿街建筑主立面，主要是指南部临淀及绿谷两侧。色彩选择弹性略大于外围区，但应与自然水绿相协调，形成多层次、具有韵律感的城市界面。开放空间节点是公园、广场等较为开阔、可环视或眺望的区域。建筑立面色彩应保证一定的环视连续度与开放性。

形成建筑色彩的色谱方案

根据现状色彩评估、规划色彩定位及色彩空间结构，制定本地区建筑用色色谱。可针对不同细分区域，制定分区色谱，色谱之间相互协调；明确色谱中不同位置（墙面色、屋顶色、细部色）或不同比例（主体色、附属色、点缀色）的色彩选取范围。

按照雄安色谱，色彩核心区以 5YR—3.75Y 的色相系为基础选定色彩，形成调和变化的色彩组合。色彩过渡区根据色谱衍生方法，通过明度、色相的邻近变化，形成过渡区色谱，并进一步划定色谱中点缀色、附属色和主体色的选取范围。

重要节点、廊道等结合建筑形态开展详细色彩设计

结合城市设计中的建筑形态方案，综合考虑体量、材质、光照等色彩相关因素，对重要街道、滨水界面及开放空间周边的建筑色彩进行具体设计。

提炼色彩管控内容，纳入城市设计图则

人对城市色彩的认知是主观的、感性的，既由色彩的本体属性所决定，也为体量、材料等相关因素所影响，均应纳入重点地区的控规管控。在城市设计图则中增设色彩及相关要素管控图则。图则中纳入街坊色谱，明确色彩重点管控的界面、地块及其具体管控指标，包括色彩构成、材质反光率、透明度等，结合文字说明提出具体引导要求。色彩管控要求随城市设计图则，共同纳入土地出让条件中，向建筑设计和实施延伸。

其他色彩引导要求，纳入城市设计导则

在城市设计导则中增加色彩内容，包括建筑色彩的选取与搭配方法，以及其他环境设施、市政交通设施等的色彩引导要求。

将色彩比选纳入建筑设计的规范流程中

依据城市设计图则中的色彩管控要求，以及上位规划中的程序性管控要求，开展建管工作，其中包含色彩管理工作内容。在建筑方案评审阶段，结合专家评审，加强色彩和材质的审查（图6-6—图 6-9）。

		商业类建筑色彩设计要求			设计备注	审批
1	整体要求	建筑外立面基调色以暖色系的中低艳度色为基础；整体色彩需符合本区域色彩可用色彩控制范围要求；色彩之间应形成一定的明度、艳度差异，应用丰富多变的高品质材质变化，形成富有变化的、细节细腻的建筑外立面品质，积极展开调色的设计应用，打造城市化的繁荣和愉悦的街道景观			设计参考本册 P××页	√或×
2	单体建筑	本区域单体建筑外立面禁止单色通体涂装；禁止使用本区域可用色设计参考色彩设计要求彩范围之外的色彩			设计参考《总则》、本册 P××页	√或×
3	商业综合体	裙楼和塔楼基调色明度需形成的一定差异（塔楼高层明亮）				
		配套居住筑群，其中的单体建筑外立面禁止单色通体涂装；需采用类似色相调和发，结合规划布局、建筑形态等进行建筑群色彩的变化				
4	沿街建筑	裙楼、底层空间（3层以下）禁止使用低质涂料单色通体涂装；结合规划布局、建筑形态，需应用丰富多变的高品质建材				
		板状沿街建筑禁止连续三栋建筑连续使用同一个基调色；底层空间（3层以下）与高层须形成色彩和材质的差异				
5	可用色彩范围	本区域建筑外立面色彩禁止使用本区域可用色彩之外的色彩，基调色、辅助色、点缀色、屋顶色各符合任一行条件即可				
			色相	明度	艳度	
		基调色（占建筑外立面色彩75%左右）	0.1R—4.9YR	2.5 以上 8.0 以下	3.0 以下	√或×
				8.1 以上	1.5 以下	
			5.2YR—5.0Y	2.5 以上 8.0 以下	4.0 以下	
				8.1 以上	3.0 以下	
			其他	2.5 以上 8.0 以下	2.0 以下	
				8.1 以上	1.0 以下	√或×
		辅助色（占建筑外立面色彩20%左右）	0.1R—4.9YR	2.0 以上 8.0 以下	4.0 以下	
				8.1 以上	2.0 以下	
			5.2YR—5.0Y	2.0 以上 8.0 以下	6.0 以下	
				8.1 以上	3.0 以下	
			其他	2.0 以上 8.0 以下	2.0 以下	
				8.1 以上	1.0 以下	
		点缀色（占建筑外立面色彩5%左右）	全色相	无限制	无限制	
		屋顶色（平屋顶）	5YR—5.0Y	4.0 以上 7.0 以下	2.0 以下	
		屋顶色（坡屋顶，烧瓦可不受控制）	5YR—5.0Y	5.0 以下	4.0 以下	√或×
			其他	5.0 以下	2.0 以下	

※ 使用当地固有自然建材烧砖、烧瓦、木材的即使不在推荐色范围内，也可以使用。
※ 无色的玻璃，即使不在推荐色范围内，也可以使用。但宜根据地区特性使用。
※ 无艳度色不在推荐基调色中。

图 6-6　建筑设计条件中的色彩要求样表

提交单位：		填表日期：				
项目名称 项目级别	□标志项目（重要项目）　　□重点项目（重要项目）　　□一般项目					
所在色彩 管控区	□文旅服务休闲产业区　□商业文化及创新孵化区　□容东城市客厅及商业金融产业园 □创业产业园及配套住宅区　□雄安国际酒店					
外立面色彩 信息	□单体建筑 □群体建筑（体量、形态相似） □群体建筑（高低结合）	□低层建筑　□多层建筑　□高层建筑　□超高层建筑 □其他（单层工业厂房、体育馆、会展中心等）				
		外立面	施色类型	色相	明度	艳度
		① 例：低层	基调色	10YR	4.0	1.0
			辅助色	5YR	6.0	3.0
			点缀色	—	—	—
			屋顶色	5YR	3.0	3.0
			窗框色	5BG	2.5	6.0
		② 例：高层	基调色	5YR	8.0	3.0
			辅助色	5YR	6.0	3.0
			点缀色	5Y	4.0	7.5
			屋顶色	5YR	8.0	3.0
			窗框色	5BG	2.5	6.0
		③ 例：配套设施	基调色			
			辅助色			
			点缀色			
			屋顶色			
			窗框色			
	紧邻其他已建建筑（如左或右紧邻小区、单体建筑）	外立面	施色类型	色相	明度	艳度
		① 例：左邻	基调色	10YR	4.0	1.0
		②	基调色			
外立面建筑 材质信息	墙面主要材料	□涂料　□砖　□石材　□木材　□玻璃　□饰面板　□金属　□陶板 □其他：　　　　　（请具体说明，如"传统烧砖"）				
	墙面次要材料	□涂料　□砖　□石材　□木材　□坂璃　□饰面扳　□金属　□陶板 □其他：　　　　　（请具体说明，如"拉毛涂料"）				
	屋面材料	□烧瓦　□彩钢瓦　□沥青瓦　□釉面扳　□装饰石板　□涂料　□金属 □其他：　　　　　（请具体说明）				
	门窗材料	□木　□铝台金　□塑钢　□不锈钢　□铸铁 □其他：　　　　　（请具体说明）				

图 6-7　建筑方案提交时的色彩说明样表

图 6-8　建筑方案专家评审时对色彩和材质的比选（室内灯光下）

图 6-9　建筑方案专家评审时对色彩和材质的比选（室外灯光下）

　　本章节跳脱出具体的色彩规划和设计方法，对色彩的理性和感性展开思考，在现实的城市生活中，色彩的客观性和主观性、科学性和社会性，有着同等的重要性。再回到雄安实践中，便可悉知，未来的城市色彩规划和设计面临三项主要的变化和挑战：一是从主观感受转变为科学表达，使用统一的数字化色彩表达语汇；二是从单体方案转变为规划管控，将城市色彩规划纳入城乡规划体系中，融入各层级的法定规划，具有更好的落地性；三是从模糊概念转变为准确的控制要素，通过城市设计、控详规划、附加图则转化为规划管理语言。城市色彩管理正向着数据化、科学化、精细化发展，为城市精细化管理夯实基础。

结语 城市色彩——与自然为伴、以历史为师、携空间为友

《红楼梦》里，贾母见黛玉房间里的窗纱旧了，便有一段经典的评论："这个纱新糊上好看，过了后来就不翠了。这个院子里头又没有个桃杏树，这竹子已是绿的，再拿这绿纱糊上反不配。"旧的绿色的纱在青绿色的竹林背景下，只见败而不显翠。最后贾母"拍板"，改换成银红色的"软烟罗"，又称"霞影纱"，低艳度、高明度、透光性好，远远看着就似烟雾霞影，隐隐透着潇湘馆的满园绿色，形成与自然基底和谐、耐看的色彩景框。

无独有偶，北宋诗人周邦彦这样描写自家的院墙："粉墙低，梅花照眼，依然旧风味。"民间家庭中，粉白色的墙头上，一支红艳的梅花伸过墙头，明艳动人。区别于涂料般惨白的颜色，粉白的墙犹如立体铺陈开的白色宣纸，衬托了植物的鲜艳之美。

远在周代，中国人就懂得"色一则无美"。中华民族在色彩系统的基础上，融入了方位和元素，创造出具有哲学思想的色彩体系，用来指导、规范社会秩序、建筑形制和人的行为。尽管用颜色明贵贱的制度早已被废止而只存在于历史的故纸堆中，但色彩在空间秩序上的表达却随着文化的延续传承了下来。比如白洋淀边的灰砖房，正是建筑等级的体现。古时民间禁用五正色和五间色，老百姓却用无彩系创造了"千姿百态"的黑、白、灰，一方面决定了中国传统民居朴素的风格，另一方面也形成了中国民间文化中不普通的格调。诗情画意本源于一种无奈，普通人的美学实践在中国大地上活成了诗和远方。

雄安，这座徐徐铺展的未来之城，如何看待自己色彩基因，如何选择这座城市的未来色彩，是关系到城市风貌和集体记忆的大事件，需要"有一个超越未见的远见"。首先，如果城市色彩不能脱离自然环境和生态景观单独存在，如何从自然色中汲取力量？其次，中国色彩大俗大雅、亦俗亦雅、亦庄亦谐，能否成为这个时代的选择？再次，配色方式看似小节，实为大事，建设城市、修建屋宇，是否还有规矩可循，使搭配有序？

城市色彩要与自然为伴，理解大自然的基本色彩原理。自然界中，树木花草的色彩最为鲜艳；泥土、砂石、树干等则作为"背景"的色彩基底。前者随季节变化，与后者相比色彩占比较小；后者稳定持久，色彩占比较高。色彩的"双重心理意象"在这里得到了显现：小面积、短时间、动态变化的物质空间，可施以高艳度、诱目性强的色彩，因为波长较长的色彩具有穿透性和刺激性，但同时带来了极端、不稳定的色彩情绪；反过来，大面积、固定的、不经常变化的物质空间，必须选择低艳度、稳重的色彩，色相、明度和艳度都在一个较小的范围中变化，呈现统一、细腻、深厚、稳定的色彩情绪。

城市色彩要敬历史之师。大自然中色彩万千，对于华夏文明来说，青、赤、黄、白、黑最为特殊，是五行哲学在色彩上的反映，与道德、规范、礼序绑定在一起。五正色宛如精神制服，深刻融入了中国人的社会生活、治国营城。白色，存在于诸多古代神话中，亦凶亦吉；黑色，是古人对宇宙万物规律的总结，是宇宙之色。黑白之间的灰色，是间色，是民间的颜色，是人本城市的基调色。明度在3至8之间的中高明度灰，是人们视觉上最安稳的休息点，给人雅致、含蓄、耐人寻味的色彩印象。所有含灰色度的复合色，都可以被称为灰色，因此，灰色是极其

丰富的，又是极其复杂的颜色；灰色是对生活最朴素、最深刻的理解，也是最接近生活原生状态的色彩格调。

城市色彩是空间的朋友。随着城市空间的发展，产业经济带来色彩技术的发展，社会结构引发色彩审美的变迁，生态环境影响城市色彩的背景，最终综合反映在色彩空间形态上，使城市空间格局呈现不同的特征，成为城市空间转型的视觉落脚点。从包豪斯时代开始，色彩即成为艺术和工匠的共同纽带，从而产生了新的职业门类"设计师"。格罗皮乌斯强调："设计师不是单纯的产品创作者，而是这个社会中重构城市的重要一员。"话音落地的二十年后，"设计师"的意涵扩大了，广义上设计和重塑城市的专业人员被称为"规划师"。如果延展包豪斯的概念，那么在当代的规划设计语境中，色彩规划的目的不仅仅是美化城市可见的物质表面，而是建立一种思维方式，"在研究当下的基础上，利用过往已知的知识和能力，为城市生活提供面向未来的答案"。事实上，色彩折射了城市中社会、经济、文化、历史和艺术的综合性问题，如果我们寻求答案，必须再次出发，再次找到艺术、工艺、科技、政策的当代结合点。

人们对城市色彩的系统研究大约始于半个世纪前，而至今对大城市和超大城市的色彩空间研究可谓寥寥，尤其是对新建城市的色彩设计缺乏有针对性的规划策略和设计方法。国内的色彩研究和规划在经历了21世纪第一个十年的热潮后，进入了思潮的寂静期。我们希望通过这本书，从雄安视角出发，引起人们对城市色彩的关注和思考，持续、长效、冷静地将城市色彩纳入学科视野和实践体系，帮助规划师在开展色彩工作的时候，能够感性地认知色彩、客观地评价色彩、科学地搭配色彩，塑造更加宜人的城市环境品质。创造雄安的色彩，让未来之城拥有"全球颜值"。

术语表

城市色彩

城市色彩有广义和狭义之分。广义的城市色彩通常指城市空间中所有事物视觉色彩的总和；狭义的城市色彩指的是城市中的建筑物和构筑物公共立面的色彩。

城市色彩规划

对城市各个构成要素所呈现出来的公共空间和公共界面相对综合的色彩面貌进行的系统性安排、管控和实施。

城市色彩设计

对城市各个构成要素所呈现出来的公共空间和公共界面相对综合的色彩视觉化创造的过程。

城市主色调

指城市物质空间呈现出来的整体色彩印象，与城市的基调色和色调印象有关。

基调色

建筑立面用色面积最大的色彩，一般占比不小于80%，是人们能够一目了然分辨出该建筑最主要的色彩，也称为主色调。

辅助色

建筑立面用色面积占比居中的色彩，包括面积较大的屋顶色、高层建筑的裙房的色彩等。

点缀色

建筑门窗框、玻璃色等装饰性色彩，一般不超过建筑色彩的5%。

建筑高度分类

根据《民用建筑设计通则》（GB 50352—2005），民用建筑按使用功能可分为住宅建筑和公共建筑两大类。住宅建筑按层数划分为：一层至三层为低层住宅，四层至六层为多层住宅，七层至九层为中高层住宅，十层及十层以上为高层住宅。除住宅建筑之外的民用建筑，高度不大于24米者为单层和多层建筑，大于24米者为高层建筑（不包括建筑高度大于24米的单层公共建筑）；建筑高度大于100米的民用建筑为超高层建筑。本报告中为了方便表述，考虑到建筑色彩特性，将建筑高度分为"单层民用建筑"（高度不大于5米）、"多层民用建筑"（高度大于24米小于等于45米）、"高层民用建筑"（高度大于45米）。

建筑底层

建筑物高出地面的第一层，也叫建筑首层。

建筑基座

多层和高层建筑的底部空间，一般为1至3层，一般不超过5层。

建筑中段

多层和高层建筑立面中，底部空间和顶部空间之间的部分。

色相

表达某种颜色面貌印象的名称，芒塞尔体系中共分为十种色相，包括红（R）、红黄（YR）、黄（Y）、黄绿（GY）、绿（G）、蓝绿（BG）、蓝（B）、蓝紫（PB）、紫（P）、红紫（RP）。再此基础上将每种色相分为十等份，形成色相总数为100个。

艳度

表示色彩的鲜艳程度，也可称为纯度、饱和度、彩度等。中性色的艳度为0，不同颜色的最大艳度不同，个别可达到20。

明度

表示色彩的明暗程度，也可称为亮度、光度、深浅度等，分为 0 到 10 级，从完全吸收光的理想的绝对黑色（明度为 0）到完全反射光的理想的绝对白色（明度为 10）。

色彩多样性

色彩多元性的空间，包括色相对比、明暗对比、冷暖对比、色相对比、艳度对比、面积对比、色相丰富、丰富活泼、丰富跳跃、富有韵律、质感丰富、层次丰富等方式。

色彩氛围

色彩印象的空间表达，包括丰富热闹、柔和高雅、平静舒适、温暖明快、简洁明快、明快积极、沉稳柔和、柔和平静、传统沉稳、亲切积极、明快沉稳、柔和沉稳、沉稳平静，等等。

色彩调和

两个或两个以上的色彩，通过调整、组合达到一定的协调性，达到秩序和谐与赏心悦目的效果，包括类似色调调和、色相调和、色调调和等方式。

色彩整体性

色彩协调性的空间，包括界面连续、色调统一、色调相近、色相相近、色相均衡等方式。

色调

色彩外观基本倾向，由色相、明度、艳度共同构成的"色彩关系"，即不同的色相因明度和鲜艳度基本相同集合在一起呈现的整体印象。

参考文献

渡边安人 . 色彩学基础与实践 . 胡连荣 , 译 . 北京： 中国建筑工业出版社 , 2010.

郭红雨 , 蔡云楠 . 城市色彩的规划策略与途径 . 北京： 中国建筑工业出版社 , 2010.

河北雄安新区管理委员会 . 记录雄安 2018： IV 雄安印象 . 北京： 新华出版社 , 2019.

河北雄安新区容东片区控制性详细规划（深化优化版）. 2020.

何瑛 . 气候因素对城市色彩的影响分析 . 天津城市建设学院学报 , 2012 (6) : 87-93.

黄国松 . 色彩设计学 . 北京： 中国纺织出版社 , 2001.

吉田慎悟 . 环境色彩设计技法： 街区色彩营造 . 北京： 中国建筑工业出版社 , 2010.

季翔 , 周宣东 . 城市建筑色彩语言 . 北京： 中国建筑工业出版社 ，2015.

拉斯姆森 . 建筑体验 . 刘亚芬 , 译 . 北京： 知识产权出版社 ，2002.

芒福汀 J C 等 . 美化与装饰 . 韩冬青等 , 译 . 北京： 中国建工业出版社 ，2004.

培根 E N. 城市设计 . 黄富厢 , 朱琪 , 译 . 北京： 中国建筑工业出版社 ，2003.

全国颜色标准化技术委员会 . 中国颜色体系： GBT 15608—2006. 北京： 中国标准出版社 ，2006.

上海市城市规划设计研究院 . 上海市城市色彩研究报告 , 2019.

上海市城市规划设计研究院 , 日本 CLIMAT 色彩设计公司 . 雄安新区城市色彩规划指引和重点地区色彩方案设计 ，2020.

宋建明 . 色彩设计在法国 . 上海： 上海人民出版社 ，1999.

孙旭阳 . 基于地域性的城市色彩规划研究 . 上海： 同济大学 ，2006.

吴斯斯 . 城市色彩理论与应用研究 . 南京： 东南大学 , 2009.

谢浩 . 建筑色彩与地域气候条件的适应性分析 . 广西城镇建设 , 2003 (10) : 28-30.

谢浩 , 倪红 . 建筑色彩与地域气候 . 城市问题 , 2004（3）: 22-25.

尹思谨 . 城市色彩景观规划设计 . 南京： 东南大学出版社 , 2004.

原广司 . 世界聚落的教示 100. 于天伟等 , 译 . 北京： 中国建筑工业出版社 , 2003.

赵思毅 . 城市色彩规划 . 南京： 江苏凤凰科技出版社 , 2016.

中国国家地理杂志社 . 中国美色 . 中国遗产 , 2019 增刊 .

EISEMAN L, RECKER K. Pantone: The 20th Century in Color. San Francisco: Chronicle Books, 2011.

ELLINGER R G. Color Structure and Design. New York: Van Nostrand Reinhold. 1980.

LANCASTER M. Colourscape. London: Academy, 1996.

LENCLOS D, LENCLOS J-P. Couleurs de l'Europe: Géographie de la couleur. Paris: Moniteur, 1995.

LENCLOS D, LENCLOS J-P. Couleurs du monde: Géographie de la couleur. Paris: Moniteur, 1999.

LINTON H. Color Consulting: A Survey of International Color Design. New York: Van Nostrand Reinhold, 1991.

MAHNKE F H. Color, Environment, and Human Response: An Interdisciplinary Understanding of Color and its Use as a Beneficial Element in the Design of the Architectural Environment. New York: Van Nostrand Reinhold, 1996.

MUNSELL A H. A Grammar of Color. New York: Van Nostrand Reinhold, 1969.

PARRAMÓN J M. Color Theory. Watson-Guptill Publications, l989.

PORTER T. Architectural Color: A Design Guide to Using Color on Buildings. New York: Whitney Library of Design, 1982.

ROCHON R, LINTON H. Color in Architectural Illustration. New York: Van Nostrand Reinhold, 1989.

SWIRNOFF L. Dimensional Color. Basel: Birkhäuser, 1989.

SWIRNOFF L. The Color of Cities: An International Perspective. New York: McGraw-Hill, 2000.

TOY M. Color in Architecture. London: Academy, 1996.

红紫（RP）	红（R）	红黄（YR）	黄（Y）
2018 年 8 月 18 日，安新县白洋淀荷花（张玉鑫 摄）	2018 年 6 月 6 日，雄县宋辽古战道（王永康 摄）	2018 年 6 月 4 日，雄县苟各庄镇高召村高召老教堂（顾纲 摄）	2018 年 10 月 29 日，容城县奥威路西段，秋天的色彩（徐川 摄）
2018 年 7 月 7 日，安新县白洋淀荷花大观园（毛鹤然 摄）	2018 年 3 月 7 日，雄县昝岗镇段岗村福慧念佛堂（顾纲 摄）	2018 年 6 月，安新县刘李庄镇北冯村特色民居（翟浩 摄）	2018 年 8 月 24 日，容城县大河镇胡村，金色的收获（段思雅 摄）
2012 年 6 月，安新县白洋淀王家寨村（胡兰涛 摄）	2018 年 6 月 4 日，安新县圈头乡，非物质文化遗产"圈头音乐会"（王永康 摄）	2018 年 12 月 15 日，安新县同口镇唐河大桥（王京卓 摄）	2018 年 10 月 31 日，安新县安州镇的锦绣大地（张学农 摄）

黄绿（GY）	绿（G）	蓝绿（BG）	无彩色（N）
2018年11月8日，安新县同口镇的田野（张玉鑫 摄）	2016年7月，安新县端村镇大淀头村，白洋淀畔美丽的村庄（贺友顺 摄）	2018年6月，安新县寨里乡西马庄三村李增雨家老房子（吴海栋 摄）	2018年7月，容城县槐花香（张玉鑫 摄）
2018年4月30日，安新县白洋淀景区（沈伯韩 摄）	2017年7月，安新县白洋淀风光（刘向阳 摄）	2014年8月，安新县白洋淀，藕田晨曲（张建光 摄）	2018年1月22日，安新县白洋淀雪景（毛鹤然 摄）
2018年6月，安新县圈头乡东田庄村苇帘编织（吴海栋 摄）	2018年6月29日，容城县平王乡千年秀林（王京卓 摄）	2018年1月1日，"华北明珠"白洋淀码头（毛鹤然 摄）	2018年8月，安新县端村镇东淀头村，花瓣做灯，荷叶做底托（胡兰涛 摄）

图书在版编目（CIP）数据

雄安新区城市色彩规划设计 / 河北雄安新区规划研
究中心编著 . -- 上海 : 同济大学出版社 , 2020.5
　ISBN 978-7-5608-9188-0

　Ⅰ . ①雄… Ⅱ . ①河… Ⅲ . ①城市规划－色彩－研究
－雄安新区 Ⅳ . ① TU984.222.3

　中国版本图书馆 CIP 数据核字 (2020) 第 065077 号

雄安新区城市色彩规划设计

河北雄安新区规划研究中心　编著

策划编辑　江　岱
责任编辑　江　岱
助理编辑　周　轩
责任校对　徐春莲
书籍设计　张　微
出版发行　同济大学出版社　www.tongjipress.com.cn
　　　　　（地址 上海市四平路 1239 号　邮编 200092　电话 021-65985622）
经　　销　全国各地新华书店
印　　刷　上海雅昌艺术印刷有限公司
开　　本　889 mm× 1194mm　1/16
印　　张　11.5
字　　数　368 000
版　　次　2020 年 5 月第 1 版　　2020 年 5 月第 1 次印刷
书　　号　ISBN 978-7-5608-9188-0
定　　价　120.00 元

千年大计、国家大事。